Beitrag zur Berechnung der Luftschrauben

unter Zugrundelegung der Rateauschen Theorie

Von

Dipl.-Ing. Claude Dornier

Ingenieur der Luftschiffbau Zeppelin G. m. b. H. Friedrichshafen

Mit 66 Textfiguren

Springer-Verlag Berlin Heidelberg GmbH

1912

ISBN 978-3-642-51919-2 ISBN 978-3-642-51981-9 (eBook)
DOI 10.1007/978-3-642-51981-9

Inhaltsverzeichnis.

Einleitung.

Die Anregung zu der vorliegenden Arbeit gaben der Entwurf und die Konstruktion zweier Luftschrauben, welche der Verfasser im Auftrage der Luftschiffbau-Zeppelin-G. m. b. H. im Herbste des Jahres 1910 auszuführen hatte.

Zu jener Zeit war, wenigstens in der einschlägigen deutschen Literatur, sehr wenig für den Konstrukteur Brauchbares vorhanden. Von dem wenigen wirklich einwandfrei Verwendbaren kamen eigentlich nur die, in dem Bendemannschen Aufsatze „Der heutige Stand der Flugtechnik in Theorie und Praxis" im Jahrgang 1910 der Zeitschr.d. V. d. I. wiedergegebenen, zuerst von Professor S. Finsterwalder aufgestellten Formeln über Wirkungsgrade und Flächenausnutzung von Luftschrauben in Betracht [1]). Diese Gleichungen geben jedoch keinerlei Aufschluß über die günstigste Wahl der Abmessungen von Luftschrauben, wenn man von der schon früher bekannten und auch durch die genannten Formeln zum Ausdruck gebrachten Tatsache absieht, daß mit wachsendem Durchmesser der Wirkungsgrad zunimmt.

Während Finsterwalder mit der Verfolgung des von Rankine eingeschlagenen Weges ziemlich vereinzelt dasteht, basieren eine Menge von Theorien auf der zuerst von Froude gegebenen sogenannten Flügelblattheorie.

Erwähnt sei hier nur das Buch von Eberhardt „Theorie und Berechnung der Luftschrauben", Berlin, Verlag von M. Krayn. Das Buch ist insofern interessant, als es wohl der erste deutsche Versuch ist, für den Konstrukteur brauchbare Formeln auf der Flügelblattheorie-Grundlage zu schaffen. Eberhardt leitet aus dem Impulssatze durch Integration über den Schraubenflügel Formeln für Schub- und Drehmoment ab, mit welchen nach seinen Angaben gute Übereinstimmung [2]) mit den an ausgeführten Konstruktionen gemessenen Werten erzielt wurden. Er be-

---

[1]) Durch den weiteren Ausbau dieser Formeln gelangt neuerdings Kimmel in seiner Dissertation, München 1912, ebenfalls zu Konstruktionsregeln.

[2]) In neuerer Zeit ergab die Anwendung der Eberhardtschen Formeln, wie Prof H. Scheit in der Zeitschr. d. V. d. I. 1911, S. 1841 berichtet, auf eine im Laboratorium der technischen Hochschule Dresden untersuchte Luftschraube gute Übereinstimmung mit den gemessenen Werten.

handelt in seinem Buche nur Schrauben konstanter Steigung und berücksichtigt den Einfluß der Wölbung des Flügels mit Hilfe eines aus den Lilienthalschen Versuchen ermittelten Wölbungskoeffizienten. Die Vorgänge auf der Saugseite des Propellerblattes werden in dieser Arbeit nicht berücksichtigt. Da aber gerade im Jahre 1910 die Erkenntnis allgemein zum Durchbruch kam, daß die Vorgänge auf der Rückseite der bewegten Flächen [1]) von ausschlaggebender Bedeutung sind, so sollten für die neu zu entwerfenden Schrauben die Verhältnisse auf der Saugseite in besonderem Maße berücksichtigt werden.

Durch ein im Jahrgange 1910 der Zeitschrift „Motorwagen", Verlag von M. Krayn, Berlin, erschienenes Referat von Dipl.-Ing. O. Schwager über „Theorie der Schrauben und Tragflächen von Flugmaschinen von Professor A. Rateau, ingénieur au corps des mines" wurde die Aufmerksamkeit auf diese, in deutschen Fachkreisen fast unbeachtete Berechnungsweise gelenkt.

Die in diesem Aufsatz entwickelte Rateausche Theorie [2]) bildet die Grundlage der vorliegenden Arbeit. Es soll deshalb im folgenden ein kurzer Auszug [3]) des in der oben erwähnten Zeitschrift erschienenen Referates gegeben werden.

„Befindet sich ein Flügelelement zu dem es umgebenden Medium in einer relativen Bewegung, so beeinflußt es eine gewisse Menge desselben, die im Zusammenhang als ein Streifen angesehen werden kann, dessen gesamte Dicke h proportional der Breite β des Flügels ist. Dieser Streifen zerlegt sich in zwei Teile, von welchen der eine an der arbeitenden Fläche des Flügels, der andere an dessen Rücken vorübergleitet.

Jeder Streifen des Mediums erleidet beim Vorbeigleiten eine Verminderung der relativen Geschwindigkeit, die dieser selbst proportional ist. Beim Verlassen des Flügels wird dieselbe den Wert haben:

$$V_1 = V_0 (1 - \varepsilon)$$

wenn die Geschwindigkeit beim Eintritte V_0 war und ε ein sehr kleiner, in den meisten Fällen weniger als 0,01 betragender Koeffizient ist, der von der Form des Flügelquerschnittes und der Rauhigkeit

---

[1]) Rateau hat schon im Jahre 1900 die volle Bedeutung der Saugseite erkannt

[2]) Siehe auch Zeitschrift für das gesamte Turbinenwesen 1904: Elementartheorie der Dampfturbinen in analytischer Behandlung von M. A. Rateau, Professor an der Bergakademie Paris.

[3]) Als diese Arbeit schon nahe am Abschlusse war, erhielt der Verfasser durch die Liebenswürdigkeit von Herrn Professor A. Rateau einen Sonderabdruck der Originalabhandlung. Der Titel der im Jahre 1900 erschienenen Arbeit lautet: Contribution à la théorie des hélices propulsives. Mémoire présenté au Congrés d'architecture et de construction navales de 1900).

seiner Oberfläche abhängt, aber innerhalb gewisser Grenzen unabhängig vom Eintrittswinkel zu sein scheint.

Die meisten Streifen, welche über die Angriffsfläche und den Rücken des Flügels gleiten, vereinigen sich beim Verlassen zu einem einzigen, dessen Relativgeschwindigkeit eine mittlere Richtung zwischen den Tangenten an der Vorder- und Rückseite des Flügels hat. — Man darf annehmen, daß diese Richtung der mittleren Relativgeschwindigkeit nicht viel von der Winkelhalbierenden der Tangenten abweicht. Es genügt daher für eine Fläche von bestimmter Form und für das Medium, in dem sie sich bewegt, einmal den Koeffizienten $K = h/\beta$, der die beeinflußte Menge angibt, und zum anderen Male den Geschwindigkeitsreduktions-Koeffizienten ε zu kennen, um die dynamischen Kräfte des Mediums auf die Fläche berechnen zu können.

E A sei der Querschnitt einer Fläche, an der sich irgendeine gasförmige oder tropfbare Flüssigkeit vorbeibewege, und zwar mit

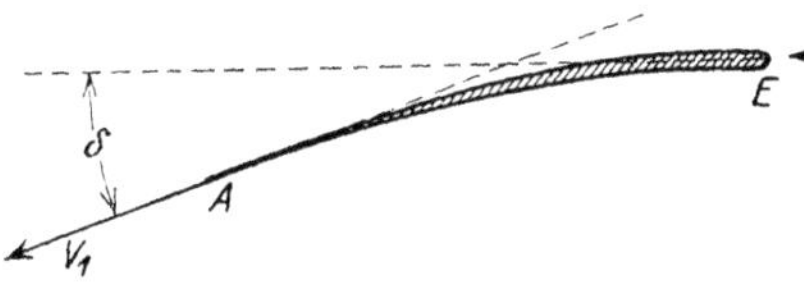

Fig. 1.

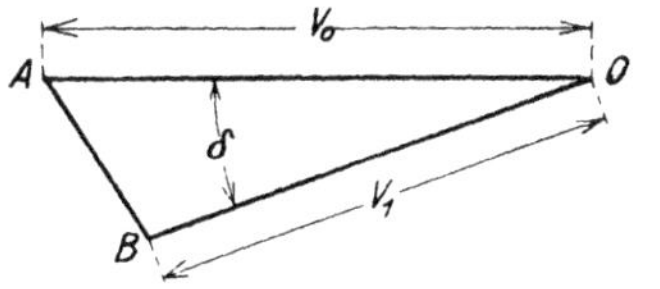

Fig. 2.

der Geschwindigkeit V_0. Nachdem die Flüssigkeit an der Oberfläche vorbeigeströmt ist, ist sie abgelenkt worden und ihre mittlere Geschwindigkeit ist nunmehr V_1; der Winkel, welchen die Richtung von V_0 mit V_1 bildet, ist mit δ bezeichnet. Bewegt sich die Fläche in dem vorläufig unbewegt gedachten Medium mit der Geschwindigkeit V_0, so stellt die Strecke A B im obenstehenden Diagramme die absolute Geschwindigkeit des Mediums nach dem Verlassen des Flügels dar. Multipliziert man A B mit der sekundlich vorbeifließenden Masse, so erhält man nach dem Satze vom Antriebe die von der Fläche auf das Medium ausgeübte Kraft. Durch Projektion von A B auf die Richtung der horizontalen und vertikalen Bewegung erhält man die Komponenten der in diesen Richtungen wirkenden Kräfte. Die Projektion auf O A stellt den Stirnwiderstand, die vertikale Komponente den Auftrieb dar.“

Bei den früheren Berechnungsweisen [1]), welche auf der Froudeschen Theorie beruhen, wird stets der Angriffswinkel, d. h. der Winkel, welchen

[1]) Auch die in neuester Zeit in der Z. f. F. M. veröffentlichten Studien von Prof. Reissner, sowie die Messungen von Dr.-Ing. Bendemann gehen vom Sehnenwinkel aus.

die fortschreitende Bewegung mit der Vorderfläche oder der Sehne des Flügelelementes bildet, zugrunde gelegt, während bei der Rateauschen Theorie der Angriffswinkel ohne Bedeutung ist und nur der Ablenkungswinkel, der sich aus der Relativgeschwindigkeit beim Verlassen des Flügels ergibt, eingeführt wird. Daß man hierdurch den tatsächlichen Strömungsvorgängen näher kommt als bei der Einführung einer „Sehnen"steigung, dürfte einleuchtend sein. Es ist übrigens von Interesse, daß in der alten Auflage des Taschenbuches für Flugtechniker von Moedebeck 1904 in dem von Hörnes stammenden Artikel über Luftschrauben schon die Begriffe der Ein- und Austrittssteigung angewendet werden[1]).

Die wesentlichsten Forderungen der Rateauschen Theorie lassen sich nun wie folgt zusammenstellen. Die Hauptaufmerksamkeit ist der austretenden Kante zuzuwenden, außerdem ist den Vorgängen auf der Saugseite zum mindesten dieselbe Beachtung zu schenken wie denjenigen auf der Druckseite. Die Anwendbarkeit der Rateauschen Theorie ist in gewissem Maße dadurch beschränkt, daß der Eintrittswinkel klein sein muß.

Ein hübscher experimenteller Beweis für die Richtigkeit der Rateauschen Theorie ist in dem genannten Referate angeführt:

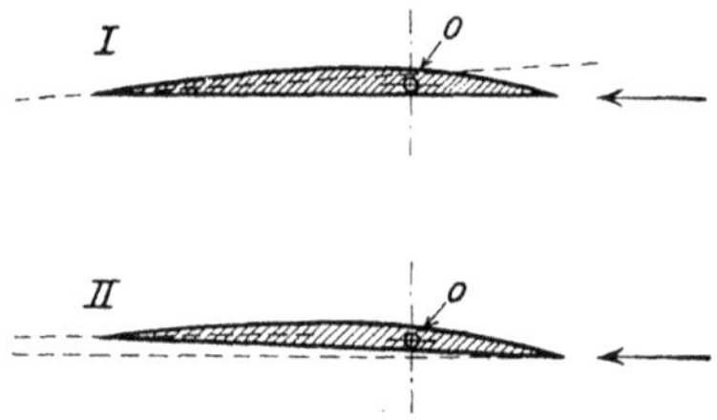

Fig. 3.

„Die nebenskizzierte um 0 drehbare und im indifferenten Gleichgewicht befindliche Platte nimmt im horizontalen Luftstrome nicht die in I gezeichnete Lage an, sondern stellt sich, wie in II angedeutet, so, daß der Ablenkungswinkel zu Null wird."

Nachdem man sich entschieden hatte, die Neukonstruktionen auf Grund der Rateauschen Theorie zu entwerfen, kam es darauf an, diese Theorie formelmäßig zu erfassen und mit dem vorhandenen Versuchsmaterial in Einklang zu bringen. In der vorliegenden Arbeit sind die Ergebnisse dieser Bemühungen zusammengestellt.

Während die angewandte Mathematik bestrebt ist, wo irgend möglich die zu untersuchenden Vorgänge stets in ihrer allgemeinsten Form zu erfassen und erst zum Schluß auf besondere Fälle einzugehen, wurde von dem Verfasser der entgegengesetzte Weg eingeschlagen. Es wurden zuerst die allereinfachsten, der Rechnung am leichtesten zugänglichen Fälle untersucht. Hierbei ergaben sich einfache Ansätze, welche

[1]) Herr Dr.-Ing. Proell, Danzig, hatte die Liebenswürdigkeit, mich darauf aufmerksam zu machen, daß in der neueren schiffbautechnischen Literatur diese Begriffe öfters Anwendung finden.

jedoch schon gewisse Schlüsse auf verwickeltere Fälle zuließen. Einige vereinfachende Annahmen mußten jedoch auch bei der Integration der zuletzt erhaltenen Gleichungen gemacht werden; schon allein mit Rücksicht darauf, daß die abzuleitenden Formeln für den praktischen Gebrauch verwendbar sein mußten. Läßt sich diese Methode vom streng wissenschaftlichen Standpunkt aus auch nicht ohne weiteres rechtfertigen, so ist sie doch für den Ingenieur die naheliegendste.

Die Arbeit behandelt zunächst die ortsfeste Schraube. Auf Grund von Versuchen wird der Nachweis erbracht, daß die vom Verfasser erweiterte Rateausche Theorie für die Standschraube anwendbar ist und auch mit den neuesten Forschungen (Kimmelsche Theorie) nicht in Widerspruch steht. — Nachdem die allgemeinen Ansätze für die Schraube am Stande abgeleitet sind, wird der Winkel, für welchen das Verhältnis $S/M = \vartheta$ theoretisch sein Maximum erreicht, ermittelt. An einem Beispiele wird gezeigt, wie die Werte der Koeffizienten K und ε ermittelt werden können. Die praktische Verwertbarkeit der Formeln wird durch Anwendung auf Versuchsergebnisse mit einem zweiflügeligen Propeller der Luftschiffbau-Zeppelin-G. m. b. H. sowie auf anderweitiges Versuchsmaterial dargetan. Auf Grund der bisherigen Betrachtungen wird näher auf das Wesen der beiden Koeffizienten eingegangen. — Besondere Berücksichtigung finden die von Dr.-Ing. Bendemann in Lindenberg angestellten Messungen; auf Grund dieser Messungen werden die Koeffizienten K und ε für eine Reihe von Profilen ermittelt als Funktion des Ablenkungswinkels. Auf die Modifikation des günstigsten Winkels, welche durch die Veränderlichkeit der Koeffizienten K und ε mit dem Ablenkungswinkel entsteht, wird hingewiesen. Weitere Formeln für besondere Fälle von Schrauben, Formeln für Schrauben mit konstanten Ablenkungswinkeln, mit konstanter und veränderlicher Flügelbreite werden aufgestellt. Vergleich der tatsächlichen Strömungsvorgänge mit der nach unserer Theorie sich ergebenden Strömung. Einfluß der Flügelzahl. Zum Schlusse wird eine kurze Zusammenstellung der hauptsächlichsten Gesichtspunkte gegeben, welche auf Grund der vorangehenden Betrachtungen beim Entwurf von Hubschrauben maßgebend sind.

Im zweiten Abschnitte werden die Betrachtungen auf die Marschschraube ausgedehnt. Es werden zunächst wieder die allgemeinen Ansätze gegeben. Die ideelle Marschgeschwindigkeit und die Beziehungen zwischen dem Wirkungsgrade einer Luftschraube und dem Ablenkungswinkel werden besprochen. Beziehungen zwischen der Schraube am Stand und der Marschschraube. Auf Grund von Versuchen auf der „Ila“ wird der Verlauf der Koeffizienten K und ε bei der Schraube im Marsch für einen zweiflügeligen Propeller der Luftschiffbau-Zeppelin-G. m. b. H. ermittelt. Die Bedingung des günstigsten Wirkungsgrades. Ausführung der Integration unter gewissen vereinfachenden Annahmen. Schub,

Drehmoment, Wirkungsgrad der Marschschraube unter verschiedenen Arbeitsbedingungen. Betrachtungen über den Propellerwirkungsgrad als Funktion des Schiffswiderstandes unter Zugrundelegung der bekannten Formeln von Prof. S. Finsterwalder. Den Schluß der Arbeit bildet eine Zusammenfassung der gewonnenen Gesichtspunkte.

Der Verfasser ist der Anschauung, daß eine für die Praxis befriedigende Lösung der Luftschraubenfrage nur ermöglicht wird, wenn die Theorie sich in weitgehender Weise auf das Experiment stützt. Daß nur auf diese Weise einwandfreie Ergebnisse erzielt werden können, zeigt sich im Verlaufe der Arbeit anschaulich bei der Anwendung theoretischer Maximabestimmungen. — In dem Streben, die Brauchbarkeit der Theorie sofort durch Anwendung auf Versuchswerte nachzuweisen, liegt der Schwerpunkt dieser Arbeit.

Leider standen weder Zeit noch Mittel zu eingehenderen Versuchen zu Gebote. Sollte die Arbeit Anregung geben, auf dem vorgeschlagenen Wege weiter zu schreiten, so wäre ihr Zweck erfüllt.

Häufiger gebrauchte Bezeichnungen.

Innere und äußere Durchmesser bzw. Radien = D_a und D_i bzw. R_a und R_i in m.

Flügelzahl = Z.

Koeffizient zur Berücksichtigung der Flügelzahl = $\mathfrak{z}$.

Flügelbreite = β.

Wölbungspfeil = f.

Sehne = s.

Marschgeschwindigkeit = c.

Strömungsgeschwindigkeit der Luft vor dem Eintritt = V_0.

Beim Austritt = V_1.

Umfangsgeschwindigkeit
$U = \omega x$.

Winkelgeschwindigkeit = ω.

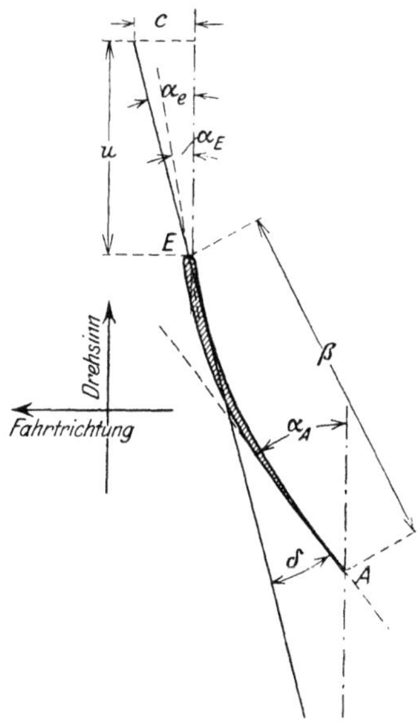

Fig. 4.

Die Einströmungsrichtung[1]) der Luft beim Flügelelemente im Abstand x von der Achse ist gekennzeichnet durch den Eintrittswinkel α_e, für welchen die Beziehung gilt

$$\operatorname{tg} \alpha_e = \frac{c}{\omega x}$$

Die Bedingung des stoßfreien Eintrittes[2]) ist dann dadurch gegeben, daß die Winkelhalbierende der Tangenten an die äußeren Elemente der Eintrittskante mit der Drehrichtung den Winkel $\alpha_E = \alpha_e$ bildet.

Der Austrittswinkel α_A ist der Winkel, welchen die Winkelhalbierende der Tangenten an die äußersten Elemente der Austrittskante mit der Senkrechten zur Achsenrichtung bildet. Der Ab-

[1]) Der Nachweis für die Zulässigkeit dieses Ansatzes wird im folgenden erbracht werden.

[2]) Rateau nimmt als Winkel α_E den Tangentenwinkel der Rückseite.

lenkungswinkel δ, d. h. der Winkel, den die Richtung der Luft beim Eintritt mit der Austrittsströmung bildet, ergibt sich daher als die Differenz

$$\delta = \alpha_A - \alpha_e$$

Die Geschwindigkeit der Luft beim Austritt ist

$$V_1 = V_0 (1 - \varepsilon)$$

wobei ε den Rateauschen Verlangsamungskoeffizienten bedeutet. ε ist eine reine Zahl und soll im nachfolgenden vorerst gleich 0,01 gesetzt werden.

Strömungskoeffizient = K_0, Dimension Null,
ermittelt für die Achsenrichtung = K_x, Dimension Null.
senkrecht hierzu = K_y, Dimension Null
Erdbeschleunigung = g, in kg · m^{-1} sec^2.
Schub = S, in kg.
Drehmoment = M, in mkg.
Leistung = L in kg m sec^{-1}
Umfangskraft = P, in kg.
Eingeleitete Leistung = N_i, in PS.
Effektive Leistung = N_e, in PS.
Wirkungsgrad η = in %.
Kraftausnutzung = S/M = ϑ in m^{-1}
Eintrittssteigung = S_E in m.
Austrittssteigung = S_A in m.
Sehnensteigung = S_S in m.

Sämtliche Zahlenrechnungen wurden mit einem 25 cm langen Rechenschieber durchgeführt. Vorkommende Winkel wurden den Konstruktionszeichnungen der betreffenden Propeller entnommen.

Allgemeine Betrachtungen.

In dieser Arbeit wird von der Anschauung ausgegangen, daß es für die Beurteilung der Wirkungsweise von Schraubenflügeln für praktische Fälle zulässig ist, von der Berücksichtigung der Axialkomponente der Anströmung abzusehen. Für die Hubschraube erhält man unter dieser Voraussetzung eine zur Drehebene parallele, relative Luftgeschwindigkeit; für die Marschschraube ist die Eintrittsströmung gegeben durch die Beziehung

$$\operatorname{tg} \alpha_e = \frac{c}{\omega x}$$

Bevor wir in die rechnerische Behandlung der Frage eintreten, müssen wir uns darüber klar sein, ob die Anwendung der Rateauschen Theorie bzw. die vom Verfasser gemachte Annahme noch eine genügende Übereinstimmung mit den tatsächlichen Vorgängen ergibt. Zu diesem Zwecke müssen wir uns etwas näher mit den bei der Rotation von Schraubenflügeln auftretenden Vorgängen befassen.

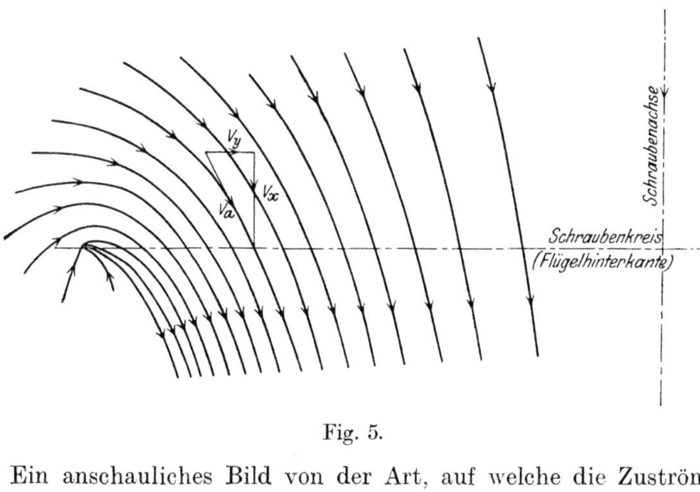

Fig. 5.

Ein anschauliches Bild von der Art, auf welche die Zuströmung auf der Saugseite von Luftschrauben erfolgen kann, geben die von H. Kimmel, München (Dissertation 1912), auf Grund der von Prof. Finsterwalder aufgestellten Formeln konstruierten zweidimensionalen Strömungsdiagramme (Zeitschr. f. F. M. 1912). In dem Diagramme Fig. 5 ist der Verlauf der Anströmung nach Kimmel für eine Standschraube dargestellt. Mit den in die Figur eingetragenen Bezeichnungen erhält man für die Einströmungsrichtung der Luft im Abstande x:

$$\operatorname{tg} \alpha_e = \frac{V a_x}{\omega x + V a_y}$$

Das Verhältnis $\frac{V a_x}{V a_y}$ ist, wie Kimmel nachgewiesen hat, von der Turenzahl der Schraube, also auch der Strömungsintensität unabhängig. In der vorliegenden Arbeit soll nun für die Standschraube die Ansaugungsgeschwindigkeit V_a bei der Berechnung der am Flügel auftretenden Luftkräfte nicht berücksichtigt werden. Dies ist nur zulässig, wenn V_a gegen ωx sehr klein ist.

Bei der Berechnung der Kimmelschen Strömungsbilder wurde vorausgesetzt, daß die Luftgeschwindigkeit über die ganze Fläche eines von zwei koaxialen Zylinderflächen aus dem Schraubenkreis herausgeschnittenen Ringes vom Inhalt $2 R \pi \, dR$ konstant ist. Diese Annahme ist zulässig für unendliche Flügelzahl. Sie gibt auch ein recht anschauliches und mit der Wirklichkeit gut übereinstimmendes Bild für die Art der Ansaugung der Luft. Für die Berechnung der am bewegten Flügel auftretenden Luftkräfte würde man aber durch diese Annahme für praktische Fälle, d. h. beschränkte Flügelzahl zu unrichtigen Ergebnissen kommen, denn bei den praktisch vorkommenden Flügelzahlen $Z = 2 \div 4$ ist die Geschwindigkeit keineswegs gleichförmig über den Kreisring vom Flächeninhalt $2 R \pi \, dR$ verteilt, wie im folgenden gezeigt werden wird.

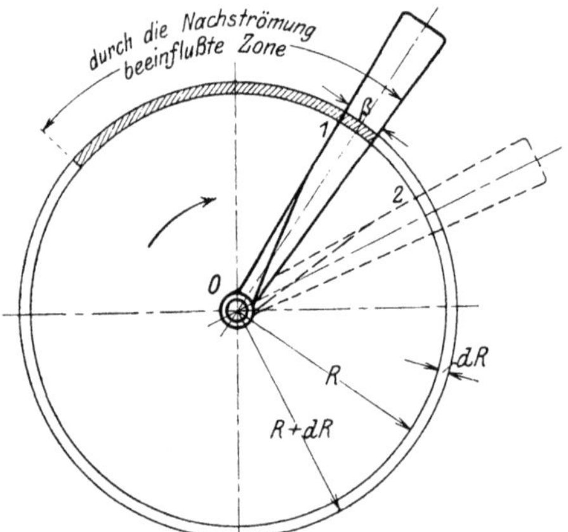

Fig. 6.

Wir denken uns aus dem Flügel durch zwei koaxiale Zylinderflächen mit den Radien R und $R + dR$ ein Element $dF = \beta \cdot dR$ herausgeschnitten. Das in der nebenstehenden Figur skizzierte Flügelelement soll von der Ruhelage 1 eine, vorerst als sehr langsam angenommene, Rotation um O mit der Winkelgeschwindigkeit ω im eingezeichneten Drehsinne ausführen. Die Bewegung von 1 nach 2 erfolge in der sehr kleinen Zeit dt. Es ist dabei ein Luftvolumen verdrängt worden:

$$dQ = K \, \omega R \cdot dR \, \beta \cdot dt$$

Durch die schraffierte Fläche ist die durch die Nachströmung beeinflußte Zone veranschaulicht. Ist R sehr groß und geht die Bewegung, wie vorausgesetzt, langsam vor sich, so wird sich, bis der Flügel wieder in die Stellung 1 kommt, dort annähernd der beim Beginn der Bewegung vorhandene Zustand, d. h. atmosphärischer Druck und Geschwindigkeit 0, eingestellt haben. Wir brauchen uns bloß den Abstand R des Flächenteilchens vom Drehpunkt unendlich groß vorzustellen, um diese Forderung genau erfüllt zu sehen. Für eine unter diesen Verhältnissen bewegte Fläche ist für die Berechnung der Luftkräfte offenbar nur die Eigengeschwindigkeit, d. h. in unserem Falle die Umfangsgeschwindigkeit in Rechnung zu ziehen.

Bis das Flügelelement dF bzw. bei mehreren Flügeln ein einem anderen Flügel angehörendes Element wieder in die Lage 1 kommt, ist eine Zeit verstrichen $t = 60/n \cdot Z$, falls man mit n die Drehzahl und mit Z die Flügelzahl bezeichnet. Im betrachteten Falle ist $Z = 1$. Für eine zweiflügelige Schraube ist bei 600 U/min diese Zeit z. B. 1/20″. Druckausgleiche erfolgen bekanntlich mit sehr großer Geschwindigkeit. Es ist deshalb für praktisch vorkommende Turenzahlen genügend Zeit vorhanden, daß sich, bis die Eintrittskante wieder an die Stelle 1 kommt, annähernd der beim Beginne der Bewegung vorhandene Zustand wieder ausgebildet hat.

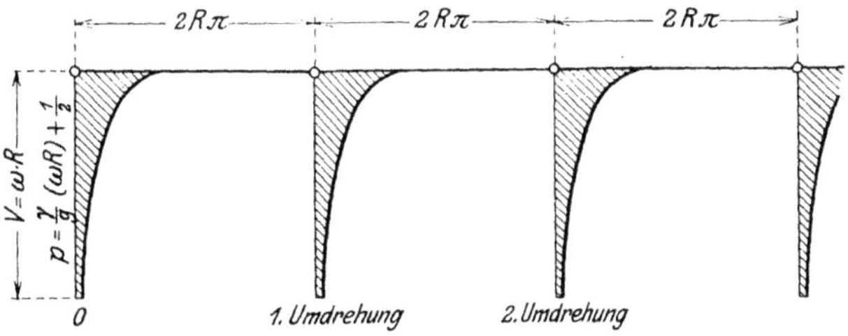

Fig. 7.

Mit Rücksicht auf die Kontinuität muß die von dem Flächenteilchen nach hinten geschleuderte Luftmenge dQ, bis es wieder nach 1 kommt, nachgeströmt sein. Man kann annehmen, daß hinter dem Flügelelement ein Unterdruck entsteht, der eine ungefähr der Umfangsgeschwindigkeit gleiche Strömungsgeschwindigkeit zur Folge hat. Die Nachströmung wird dabei auf die Weise erfolgen, daß das Flügelelement hinter sich ein sich nach außen trichterförmig erweiterndes Luftband nach sich zieht.

Betrachten wir die Änderung des Druckes bzw. der Geschwindigkeit an der Stelle 1 im Raume während einer einmaligen Umdrehung des Flügels. Von der Ausreise des Flügelelementes aus 1 bis zum Wiedereintreffen dortselbst wird bei $Z = 1$ der in Fig. 7 angedeutete Druck- bzw. Geschwindigkeitsverlauf stattgefunden haben, der sich periodisch wiederholt.

Die Integration der schraffierten Fläche müßte einen, der mit Pitotröhren feststellbaren, durchschnittlichen Geschwindigkeitshöhe entsprechenden Wert ergeben.

Wir können also sagen, daß die Vorderkante eines rotierenden Flächenelementes in einen Bereich annähernd ruhender Luft eintritt. Hinter dem Flügelelement vollzieht sich die Anströmung und die Wiederherstellung des früheren Zustandes. Der Vorgang bei der Rotation von Schraubenflügeln trägt also rhythmischen Charakter.

Bei dem großen zur Verfügung stehenden Wege bzw. den beträchtlichen Zeiten muß der angedeutete Ausgleich auch stattfinden können, falls statt eines Flügels zwei bis vier in Anwendung kommen, und auch für Flächenelemente, die ziemlich nahe der Achse liegen! Die Erfüllung der letzteren Bedingung ist jedoch nicht wesentlich, da erstens die Flügel fast nie bis zur Achse geführt werden können, und zweitens der Beitrag dieser Flügelelemente zum Schub bzw. der Umfangskraft sehr gering ist.

Einen Beweis für die Brauchbarkeit der entwickelten Theorie liefert das Vorhandensein des sog. quadratischen Gesetzes. Bekanntlich ist für die Schraube am Stande durch viele unabhängige Versuche nachgewiesen, daß für den erzeugten Axialschub stets geschrieben werden kann $P = c \cdot n^2$, wobei c eine von der Drehzahl unabhängige Konstante ist.

Für kleine Turenzahlen bzw. sehr große radiale Abstände findet zweifellos ein Ausgleich im Sinne der vorhergehenden Erläuterungen (Fig. 7) statt. Das quadratische Gesetz ist aber für alle bisher erreichten Turenzahlen, Durchmesser und Flügelzahlen gültig befunden worden. Eine wesentliche Änderung der Verhältnisse, welche bei der Beurteilung der Wirkungsweise von Schraubenflügeln maßgebend sind, kann also offenbar nicht eingetreten sein, falls sich die Turenzahl der Schraube erhöhte. Wir können deshalb annehmen, daß bei den zurzeit angewendeten Dreh- und Flügelzahlen für die Berechnung der an einem rotierenden Flächenelement auftretenden Luftkräfte bei der ortsfesten Schraube nur die Umfangsgeschwindigkeit in Betracht zu ziehen ist.

Diese Theorie läßt sich mit dem Satz von der Erhaltung der Energie sowohl als mit der Kontinuitätsbedingung ohne weiteres in Einklang bringen. Die Kimmelsche Theorie wird dadurch an sich nicht berührt, sondern erleidet nur eine gewisse Einschränkung. — Die Annahme der unendlichen [1]) Flügelzahl findet sich übrigens auch bei Prof. Reißner (Studien zur Berechnung und planmäßigen Prüfung von Luftschrauben, Zeitschr. f. F. M. 1911/12).

[1]) Ebenso geht Lorenz von unendlich vielen, unendlich dünnen Flügeln aus (Lorenz, Theorie und Berechnung der Schiffspropeller. Jahrbuch der Schiffbautechnischen Gesellschaft 1906. — Lorenz, Neue Theorie der Kreiselräder, R. Oldenbourg, München und Berlin 1906).

Wir sind in der Lage, einige experimentelle Beweise dafür zu erbringen, daß für die Berechnung von ortsfesten Schrauben tatsächlich nur die Umfangsgeschwindigkeit in Betracht gezogen zu werden braucht: In den „Luftschraubenuntersuchungen der Geschäftsstelle für Flugtechnik des Sonderausschusses der Jubiläumsstiftung der deutschen Industrie" veröffentlicht Dr. F. Bendemann eine Reihe von Versuchen mit Schraubenflügeln radial konstanten Ablenkungswinkels. Bezeichnen wir mit δ den Ablenkungswinkel, K_x, K_y und ε Koeffizienten, γ/g die spez. Masse, ω die Winkelgeschwindigkeit, R_a und R_i äußere bzw. innere Radien, so erhalten wir, wie später gezeigt werden wird, für derartige Profile mit unserem Ansatze die Gleichungen

$$\text{Schub} = \frac{\gamma}{g} K_x \beta \omega^2 \frac{R_a^3 - R_i^3}{3} \sin\delta (1 - \varepsilon)$$

$$\text{Drehmoment} = \frac{\gamma}{g} K_y \beta \omega^2 \frac{R_a^4 - R_i^4}{4} (1 - (1 - \varepsilon) \cos\delta)$$

Die Anwendung dieser Gleichungen auf die Bendemannschen Versuchswerte [1]) ergibt, daß K_x und K_y von der Turenzahl vollständig unabhängig sind, solange der Anstellwinkel des Profiles nicht geändert wird. Eine Änderung des Anstellwinkels [2]), welche auch eine Veränderung des Ablenkungswinkels mit sich bringt, ergibt jedoch stets eine Änderung von K_x und K_y. Mit wachsender Turenzahl bleibt wohl das Verhältnis Va_x/Va_y konstant, die absoluten Größen von Va_x bzw. Va_y jedoch nehmen mit wachsender Strömungsintensität zu. Käme für die Berechnung von Schub und Drehmoment, die Kimmelsche Strömung für unendliche Flügelzahl in Anwendung, so hätten wir für den Eintrittswinkel der Strömung

$$\operatorname{tg} \alpha_e = \frac{V_{a_x}}{\omega x + V_{a_y}}$$

eine Änderung von V_a würde also auch eine Veränderung von α_e und damit auch eine Veränderung des Ablenkungswinkels δ mit sich bringen. Es müßte also, da nach sämtlichen bisherigen Versuchen eine Veränderung von δ stets eine Änderung von K_x bzw. K_y mit sich bringt, mit wachsender Turenzahl ebenfalls eine Änderung im Werte dieser Koeffizienten eintreten. Solange das quadratische Gesetz gilt, kann dies aber offenbar nicht der Fall sein. Wir können hieraus schließen, daß die Kimmelsche

---

[1]) Siehe Seite 37 u. ff.

[2]) Die Änderung von K_x bzw. K_y mit veränderl. δ sind für verschiedene Bendemannsche Profile ermittelt worden und aus den Diagrammen auf Seite 40 bis 42 zu ersehen.

Strömung nicht ohne weiteres für die Ermittlung der Abmessungen der Profile von ortsfesten Schrauben mit geringer Flügelzahl angewendet werden kann.

Die Bendemannschen Messungen liefern noch einen weiteren Beweis dafür, daß unser Ansatz den tatsächlichen Strömungsvorgängen genügend gerecht wird. — Betrachtet man z. B. die von Bendemann für die Pofile I, Ia, Va gefundenen 𝔓-Kurven [1]), so sieht man, daß auch bei negativen Anstellungswinkeln die Flügel noch positiven Schub geben. — Nach unseren Anschauungen muß der Schub zu Null werden, wenn der Ablenkungswinkel gleich Null ist. Dies tritt ungefähr dann ein, wenn die Winkelhalbierende der äußersten Elemente der Austrittskanten parallel zur Drehebene ist. Für die Profile I, Ia, Va ist der Ablenkungswinkel 7° 48′, 7° 42′ bzw. 8° 14′. Betrachtet man die Bendemannschen 𝔓-Kurven dieser Profile, so sieht man, daß tatsächlich der Schub zu Null wird, wenn die Winkelhalbierende der äußersten Elemente der Eintrittskante der Profile um diesen Winkel unter die Horizontale geneigt wird. Ein einleuchtenderer Beweis für die Zulässigkeit unseres Ansatzes kann wohl nicht gefunden werden.

Es sei bei dieser Gelegenheit auf eine gewisse Schwierigkeit, welche der Rateausche Ansatz mit sich bringt, hingewiesen: nämlich die Bestimmung des Ablenkungswinkels. In dieser Arbeit wird unter δ stets der Winkel verstanden, welchen die Einströmungsrichtung der Luft mit der Winkelhalbierenden der Tangenten an die äußersten Elemente der Austrittskante bildet. Sicher scheint nach den bisherigen Erfahrungen zu sein, daß die Richtung der austretenden Luft zwischen diesen Tangenten liegt, ob sie sich mehr der Saug- oder der Druckseite nähert oder in der Mitte liegt, wie wir voraussetzen, wird zurzeit wohl noch nicht entschieden werden können. Jedenfalls können wir hoffen, mit unserer Annahme qualitativ richtige Ergebnisse zu erhalten.

Im Rahmen dieser Arbeit kann auf eine nähere Untersuchung des durch endliche Flügelzahlen bedingten rhythmischen Charakters der erzeugten Strömung nicht näher eingegangen werden. (Im Bulletin de l'Institut Aérodynamique de Koutchino fascicule II, Moskau 1909, wird über diesbezügliche Messungen berichtet. Die Versuche sind jedoch für die Druckseite und anscheinend mit unzulänglichen Mitteln durchgeführt.) Es möge hier nur bemerkt werden, daß für das Studium der Verhältnisse am bewegten Schraubenflügel Druckmessungen in der Ebene des Schraubenkreises vorgenommen werden müßten, da die Art der außerhalb des von den Flügeln bestrichenen Raumes liegenden Strömung auf die Luftkräfte an den Flügeln ohne wesentlichen Einfluß ist. Man könnte

[1]) Abbildungen auf Seite 37 u. ff.

etwa durch eine in dem Flügel befindliche Rohrleitung, welche durch die hohle Achse an ein Manometer angeschlossen ist, Messungen an verschiedenen Punkten des Flügels vornehmen.

Nach den vorausgehenden Betrachtungen können wir wohl annehmen, daß unsere Voraussetzungen für die Berechnung der aerodynamischen Kräfte an bewegten Schraubenflügeln den tatsächlichen Verhältnissen mindestens ebenso gerecht werden wie eine auf Grund unendlicher Flügelzahl aufgestellte Strömungstheorie.

I. Die Schraube am Stande.

1. Die allgemeinen Ansätze für Schub, Umfangskraft und Drehmoment bei der ortsfesten Luftschraube.

Mit Hilfe der in der Einleitung kurz wiedergegebenen Rateauschen Theorie lassen sich für die Schraube am Stande bei Vernachlässigung der

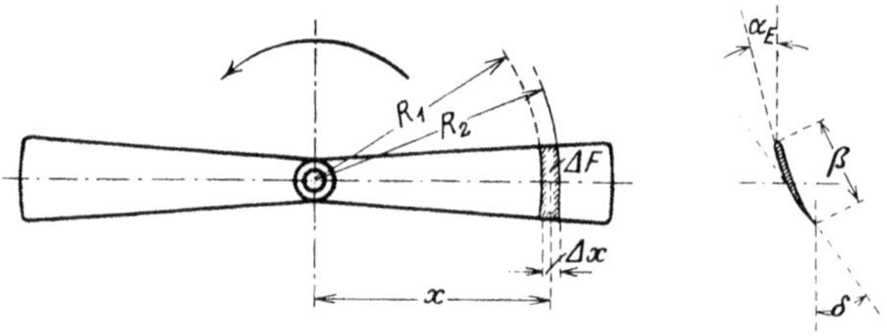

Fig. 8.

Ansaugungsgeschwindigkeit auf einfache Weise Schub, Umfangskraft und Drehmoment ermitteln, sobald die Koeffizienten K und ε bekannt sind.

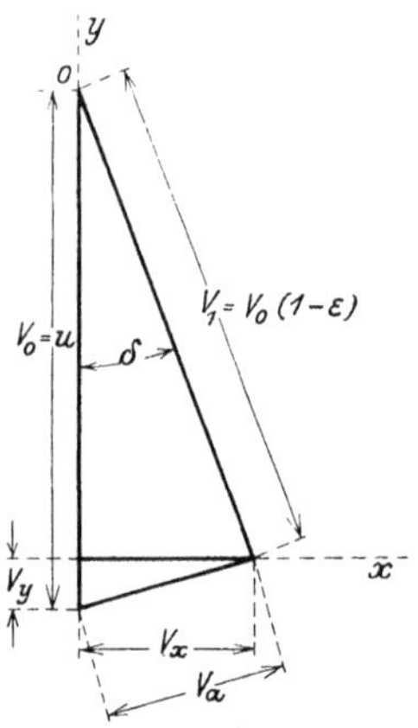

Fig. 9.

Man denke sich durch zwei koaxiale Zylinderflächen mit den Radien R_1 und R_2 ein Flächenelement Δ F aus dem in Figur 8 skizzierten Propellerblatte herausgeschnitten. — Das Flächenteilchen Δ F im Abstande x von der Achse bewegt sich mit der Geschwindigkeit $V_0 = U = \omega x$ durch die ruhend gedachte Luft. Soll die Rateausche Theorie Anwendung finden, so ist Voraussetzung, daß der in Fig. 4 mit α_E bezeichnete Winkel klein ist. Die Ablenkung, welche die Luft an der bewegten Fläche erleidet, ist δ^0. Während des Vorbeiströmens der Luft am Flächenelement Δ F im Abstande x von der Achse ist derselben, wie aus dem Diagramme Fig. 9 ersichtlich, die absolute Geschwindigkeit Va erteilt worden. Die Geschwindigkeitsabnahme, welche die Luft beim Vorbeistreichen an der Fläche erleidet, berücksichtigen wir der Rateauschen Theorie gemäß dadurch, daß wir, wie schon in der Einleitung erwähnt, $V = V_0 (1 - \varepsilon)$ setzen, wobei der Verlangsamungskoeffizient ε vorerst mit 0,01 in Rechnung gebracht werden soll. — Ist nun noch der Koeffizient K bekannt, der die von dem Flächenteilchen beeinflußte Menge angibt, so ist die sekundlich durchströmende Masse:

$$K \cdot \frac{\gamma}{g} \Delta F V_0$$

und man erhält nach dem Satze vom Antriebe die von dem Flächenelemente auf die Luft ausgeübte Kraft zu

$$\Delta R = K \frac{\gamma}{g} \Delta F V_0 \cdot V_a$$

Mit Beziehung auf das Diagramm Abb. 9 erhält man für die Geschwindigkeitskomponenten in der Richtung der X- und Y-Achsen:

$$V_x = \omega x (1 - \varepsilon) \sin \delta \quad \dots \dots \quad (1)$$

$$V_y = \omega x (1 - (1 - \varepsilon) \cos \delta) \quad \dots \dots \quad (2)$$

Für die in der Achsenrichtung wirkende Komponente von ΔR, d. h. den bei der Bewegung des Flächenteilchens ΔF hervorgebrachten Schub erhält man

$$\Delta S = \frac{\gamma}{g} K_x \Delta F V_0 \cdot V_x$$

und durch Einsetzen des aus dem Geschwindigkeitsdiagramme ermittelten Wertes von V_x:

$$\Delta S = \frac{\gamma}{g} K_x \Delta F V_0 \omega x (1 - \varepsilon) \sin \delta \quad \dots \quad (3)$$

Für die, in der, zur Achsenrichtung senkrechten Ebene wirkende Komponente von ΔR, die Umfangskraft ΔP, erhält man

$$\Delta P = \frac{\gamma}{g} K_y \Delta F V_0 \cdot V_y$$

und durch Einsetzen des Wertes für V_y:

$$\Delta P = \frac{\gamma}{g} K_y \Delta F V_0 \omega x (1 - (1 - \varepsilon) \cos \delta) \quad \dots \quad (4)$$

Für das bei der Bewegung des Flächenteilchens aufzuwendende Drehmoment gilt die Beziehung:

$$\Delta M = \frac{\gamma}{g} K_y \Delta F V_0 \cdot V_a x$$

und durch Einsetzen des Wertes für V_y:

$$\Delta M = \frac{\gamma}{g} K_y \Delta F V_0 \omega x^2 (1 - (1 - \varepsilon) \cos \delta) \quad \dots \quad (5)$$

Der Leser wird bemerkt haben, daß die Koeffizienten K verschiedene Indizes haben. Durch Versuche wurde der Koeffizient K für verschiedene Luftschrauben ermittelt, und es ergab sich stets, daß bei konstantem ε, falls die unter (3) bis (5) gegebenen Ansätze zur Berechnung von Schub, Umfangskraft und Drehmoment benutzt werden sollen, für den Schub ein anderer Wert von K in Rechnung gesetzt werden muß als für die Umfangskraft bzw. das Drehmoment, um eine Übereinstimmung der Rechnung mit den durch den Versuch bestimmten Werten zu erhalten.

Man könnte sich den Koeffizienten K etwa als gerichtete Größe vorstellen, durch deren Zerlegung in die Richtung der X- und Y-Achsen sich die Koeffizienten K_x und K_y ergeben. Größe und Richtung des die abgelenkte Luftmenge angebenden Vektors sind beeinflußt durch den Ablenkungswinkel und die Flügelbreite. Wir werden später noch näher auf die Werte der Koeffizienten K und ε eingehen.

Die Bedingung des günstigsten Ablenkungswinkels.

Es soll nun untersucht werden, welchen Einfluß eine Veränderung des Ablenkungswinkels δ auf die Größe der Elementar-Schübe bzw. Drehmomente ΔS und ΔM hervorbringt.

Unsere Gleichungen für Schub und Drehmoment lauteten:

$$\Delta S = \frac{\gamma}{g} K_x \Delta F V_0 \omega x (1 - \varepsilon) \sin \delta \quad . \quad . \quad . \quad (3)$$

$$\Delta M = \frac{\gamma}{g} K_y \Delta F V_0 \omega x^2 (1 - (1 - \varepsilon) \cos \delta) \quad . \quad . \quad (5)$$

Wir wollen im folgenden zur Vereinfachung schreiben:

$$(1 - \varepsilon) \sin \delta = Y_S$$

$$1 - (1 - \varepsilon) \cos \delta = Y_M$$

Die Funktion Y_S kann annähernd durch eine Gerade, die Funktion Y_M durch eine Parabel ersetzt werden. Durch die Werte Y_S und Y_M ist der Einfluß von δ auf die Größen ΔS und ΔM bestimmt. Es darf aber nicht außer acht gelassen werden, daß die Koeffizienten K_x und K_y ebenfalls eine Funktion[1]) vom Ablenkungswinkel δ sind. Der Einfluß der Veränderlichkeit von K_x und K_y mit dem Ablenkungswinkel auf die Größe von ΔS und ΔM ist in den praktisch vorkommenden Grenzen jedoch, wie wir später sehen werden, viel geringer als der Einfluß der Funktionen Y_S und Y_M Wir wollen also zunächst annehmen, daß K_x und K_y annähernd konstant bleiben, und untersuchen, wie sich Y_S und

[1]) Wie später gezeigt werden wird, sind K_x und K_y von der Winkelgeschwindigkeit vollständig unabhängig.

Y_M mit wachsendem Winkel ändern. Von dem Koeffizienten ε haben wir schon früher vorausgesetzt, daß er sich nicht wesentlich ändert mit veränderlichem Ablenkungswinkel.

Wir werden sehen, daß, falls wir K_x und K_y veränderlich mit δ einführen, ε konstant gehalten werden kann. — In Fig. 10 sind für $\varepsilon = 0{,}01$ die Werte Y_S und Y_M als Ordinaten zu den Ablenkungswinkeln als Abszissen aufgetragen.

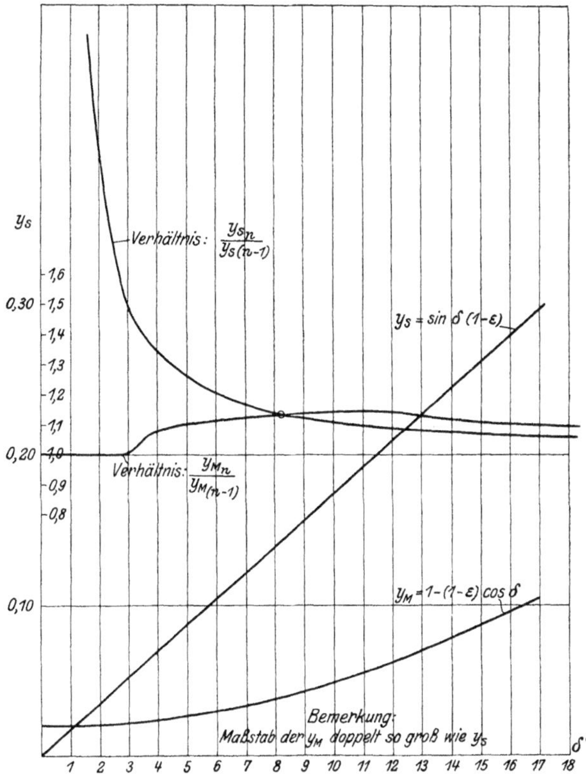

Fig. 10.

Im Diagramm Fig. 10 ist ferner der Verlauf der Quotienten $\dfrac{Y_{S\,n^0}}{Y_{S\,(n-1)^0}}$ und $\dfrac{Y_{M\,n^0}}{Y_{M\,(n-1)^0}}$ für Änderungen von δ um je 1^0 eingetragen. — Man sieht aus dem Diagramme ohne weiteres, daß bei kleinen Winkeln δ eine Veränderung des Ablenkungswinkels auf die Größe von Δ S einen ganz bedeutenden Einfluß ausübt, während für Δ M bis zu Winkeln von 3^0 ein merkbarer Einfluß überhaupt nicht eintritt. Das Diagramm gibt uns aber noch einen anderen sehr interessanten Aufschluß:

Ist der Ablenkungswinkel z. B. von 5^0 auf 6^0 erhöht worden, so beträgt der Elementarschub ΔS_{6^0}, das 1,2fache von ΔS_{5^0}, während ΔM_{6^0} das 1,11fache von ΔM_{5^0} geworden ist. Das Verhältnis $\Delta S/\Delta M$ ist also gewachsen. Vergrößern wir δ von 6^0 auf 7^0, so beträgt ΔS_{7^0} das 1,17fache von ΔS_{6^0}, während ΔM_{7^0} das 1,12fache von ΔM_{6^0} beträgt. Gehen wir mit δ noch einen Grad höher, so sehen wir, daß sowohl ΔS_{8^0} als auch ΔM_{8^0} das 1,13fache von ΔS_{7^0} bzw. ΔM_{7^0} betragen. Wächst δ noch weiter, so sieht man, daß jetzt die Zunahme der ΔM rascher erfolgt, als der ΔS, d. h. der Quotient $\Delta S/\Delta M$ kleiner wird. Offenbar stellt also der mit 0 bezeichnete Schnittpunkt der beiden Kurven $\frac{Y_{S\,n^0}}{Y_{S\,(n-1)^0}}$ mit $\frac{Y_{M\,n^0}}{Y_{M\,(n-1)^0}}$ das Maximum des Verhältnisses $S/M = \vartheta$ dar; d. h. bei $\delta = 8^0\,10'$ Ablenkungswinkel ist die günstigste Kraftausnutzung für $\varepsilon = 0{,}01$ erreicht. Mit wachsendem Werte von ε wird der günstigste Winkel größer, mit abnehmendem Werte von ε kleiner werden, da das erstemal der Schnittpunkt der beiden Kurven nach rechts rückt, während er das zweitemal nach links verlegt wird. — Da sich ε nur wenig ändern wird, die Kurve der $\frac{Y_{M\,n^0}}{Y_{M\,(n-1)^0}}$ also nur ganz unwesentlich höher bzw. tiefer fallen wird, andererseits aber der links von 0 liegende Teil der Kurve $\frac{Y_{S\,n^0}}{Y_{S\,(n-1)^0}}$ sehr rasch steigt, kann der Schnittpunkt nach links nur ganz unwesentlich verschoben werden, während nach rechts, da hier beide Kurven flach verlaufen, ein größerer Spielraum vorhanden ist. — Wir müssen aber, darauf sei nochmals ausdrücklich hingewiesen, uns stets bewußt sein, daß K_x bzw. K_y auch vom Ablenkungswinkel abhängig sind, daß also die so ermittelten Werte der günstigsten δ event. noch eine Verschiebung erleiden können.

Nachdem wir durch dieses graphische Verfahren einen Weg zur Ermittelung des günstigsten Ablenkungswinkels gefunden haben, wollen wir auch noch analytisch näher auf die Bedingung des günstigsten Verhältnisses $\Delta S/\Delta M$ als Funktion von δ eingehen. Durch Division der Gleichungen (3) und (5) erhalten wir

$$\frac{\Delta S}{\Delta M} = \vartheta_\Delta = \frac{K_x}{K_y} \cdot \frac{1}{x} \cdot \frac{(1-\varepsilon)\sin\delta}{1-(1-\varepsilon)\cos\delta} \quad . \quad . \quad (6)$$

Wir setzen vorerst wieder voraus, daß sowohl K_x/K_y als auch ε vom Ablenkungswinkel unabhängig seien, und behalten uns eine spätere Berichtigung unserer Ergebnisse vor. Für das Flächenelement im Abstand x von der Achse erhalten wir dann die Bedingung des größten ϑ_Δ, wenn wir den Ausdruck

$$\frac{(1-\varepsilon)\sin\delta}{1-(1-\varepsilon)\cos\delta}$$

nach δ differenzieren und die erste Ableitung gleich Null setzen. Wir erhalten:

$$\frac{d\,\vartheta_J}{d\,\delta} = \frac{(1-(1-\varepsilon)\cos\delta)\,(1-\varepsilon)\cos\delta - ((1-\varepsilon)\sin\delta)^2}{(1-(1-\varepsilon)\cos\delta)^2} = 0$$

Dieser Ausdruck wird sicher zu Null, wenn man den Zähler desselben gleich Null setzt:

$$(1-(1-\varepsilon)\cos\delta)\,(1-\varepsilon)\cos\delta - (1-\varepsilon)^2\sin^2\delta = 0$$

Durch Zusammenfassen und Auflösen erhält man:

$$\mathbf{\cos\delta = 1 - \varepsilon} \quad \ldots\ldots\ldots \quad (7)$$

Um zu sehen, ob für diesen Wert ϑ_J tatsächlich ein Maximum wird, bilden wir noch die zweite Ableitung

$$\frac{d^2\,\vartheta_J}{d\,\delta^2} = \frac{(1-\varepsilon)\,(1-(1-\varepsilon)\cos\delta)^2\cdot[-\sin\delta] -}{(1-(1-\varepsilon)\cos\delta)^4}$$

$$\frac{[\cos\delta-(1-\varepsilon)]\;2\,[1-(1-\varepsilon)\cos\delta]\,(1-\varepsilon)^2\sin\delta.}{(1-(-\varepsilon)\cos\delta)^4}$$

Durch Einsetzen von $\cos\delta = 1 - \varepsilon$ erhält man

$$\frac{d^2\,\vartheta_J}{d\,\delta^2} = -\frac{(1-\varepsilon)\sqrt{2\,\varepsilon}}{(1-(1-\varepsilon)^2)^4}$$

Dieser Ausdruck wird stets negativ, wir haben also für $\cos\delta = 1 - \varepsilon$ tatsächlich ein Maximum von ϑ_J.

Diese Bedingung hat Rateau, wie ich später aus einem mir von ihm zugesandten Sonderabdrucke des im „Motorwagen" besprochenen Aufsatzes ersah, schon in eben dieser Abhandlung formuliert. Er kommt jedoch auf Grund einer anderen Überlegung zu diesem Ergebnis. Der erwähnte Aufsatz scheint in den deutschen Fachkreisen fast unbekannt gewesen zu sein.

Zur Erläuterung des eben gegebenen Rechnungsganges sei bemerkt, daß für $\sin\delta = \sqrt{1-\cos^2\delta}$, für $\cos\delta = 1 - \varepsilon$ in dem Ausdrucke $\sqrt{1-(1-2\,\varepsilon+\varepsilon^2)}$ das Quadrat der kleinen Größe ε vernachlässigt wurde, so daß man erhielt

$$\sin\delta = \sqrt{2\,\varepsilon}$$

Setzen wir den Wert $\cos\delta = 1 - \varepsilon$ in den Ausdruck für ϑ_J ein, so erhalten wir

$$\vartheta_{J\,\max} = \frac{K_x}{K_y}\cdot\frac{1-\varepsilon}{\sqrt{2\,\varepsilon}}\cdot\frac{1}{x} \quad \ldots\ldots \quad (8)$$

Mit wachsendem Abstand von der Achse nimmt also ϑ_J bei konstantem δ ab. Gleichung (8) stellt die Asymptotengleichung einer Hyperbel dar.

Wenden wir das Ergebnis unserer analytischen Untersuchung auf den Fall des Diagrammes Fig. 10 an. Für $\varepsilon = 0{,}01$ erhalten wir für $\vartheta_{\lrcorner\max}$ die Bedingung:

$$\cos\delta = 0{,}99 \text{ also } \delta \sim 8^0\,10'$$

Die Rechnung stimmt also mit der zeichnerischen Ermittelung überein. Man erhält bei unseren bisherigen Voraussetzungen [1]) für konstante Ablenkungswinkel bei der Hubschraube die günstigsten Abmessungen. Zu diesem Ergebnisse kam Drzewiecki schon im Jahre 1894. Professor Reißner Aachen kommt in seinen Studien zur Berechnung von Luftschrauben ebenfalls zum Ergebnis des konstanten Ablenkungswinkels.

Gleichung (8) zeigt deutlich den Einfluß des Koeffizienten ε auf die Kraftausnutzung. Je geringer die Geschwindigkeitsverluste beim Durchströmen der Luft sind, desto besser wird das Verhältnis $\vartheta_{\lrcorner}$; für $\varepsilon = 0$ kann $\vartheta_{\lrcorner}$ = unendlich werden.

Die Resultate der soeben angestellten Betrachtungen setzen die große Bedeutung der Einführung des Rateauschen Verlangsamungskoeffizienten für die Berechnung der Luftschrauben in helles Licht. Wir werden uns im weiteren Verlaufe dieser Arbeit der Bedeutung von ε für die Theorie der Luftschrauben noch klarer bewußt werden.

Den Einfluß der Flügelbreite haben wir in unserem Ansatze durch die Einführung der Koeffizienten K_x bzw. K_y und ε zum Ausdrucke gebracht. Hierbei kommt in den Koeffizienten K_x und K_y der Einfluß der Flügelbreite auf die Höhe des abgelenkten Luftbandes zum Ausdruck, während durch ε der Einfluß der Flügelbreite auf die infolge der Reibung erzeugte Verringerung der Relativgeschwindigkeit gekennzeichnet wird — Es erscheint nun wahrscheinlich, daß ε mit abnehmender Flügelbreite β bis zu einem gewissen Maße rascher abnimmt als der Quotient K_x/K_y, das Produkt $\left(\frac{K_x}{K_y}\cdot\frac{1-\varepsilon}{\sqrt{2\,\varepsilon}}\right)$ also zunimmt.

Eine Bestätigung dieser Ansicht ist das übereinstimmende Ergebnis vieler Forscher, daß die Tiefe der bewegten Platten auf die aerodynamischen Kräfte von großem Einfluß ist. Das Maximum des Auftriebes zum Vortrieb liegt stets bei einem bestimmten Verhältnis der Breite zur Länge. Neuere Veröffentlichungen über diese Frage sind in dem Jahrbuch der Motor-Luftschiff-Studiengesellschaft 1911 enthalten. — (Windkräfte an ebenen und gewölbten Platten von Dr.-Ing. O. Föppl.) Es

[1]) Für Schrauben mit veränderlicher Flügelbreite ändert sich ε mit dem Radius Aus diesem Grunde müßten derartige Schrauben auch einen radial veränderlichen Ablenkungswinkel erhalten. Ebenso erhält man radial veränderliche Ablenkungswinkel, falls man die Axialkomponente der Anströmung berücksichtigt. Da deren Einfluß mit wachsendem Radius abnimmt, erhält man nach außen abnehmende Ablenkungswinkel.

ist also durch geeignete Wahl der Flügelbreite möglich, die Kraftausnutzung zu erhöhen. — Leider steht dem Verfasser keinerlei geeignetes Versuchsmaterial zu Gebote, um näheren Aufschluß über die Abhängigkeit des Produktes $\frac{K_x}{K_y} \cdot \frac{1-\varepsilon}{\sqrt{\varepsilon}}$ von der Flügelbreite zu erhalten.

Wie wir später sehen werden, übt die Anzahl der Flügel einen wesentlichen Einfluß auf die Kraftausnutzung aus.

Bevor nun durch Anwendung der allgemeinen Ansätze für die Schraube am Stande auf besondere Fälle weitere Schlüsse auf die günstigste Wahl der Abmessungen von Luftschrauben gezogen werden, soll durch die Anwendung der Gleichungen (3), (4) und (5) auf Versuchsmaterial die praktische Brauchbarkeit dieser Formeln dargetan werden. — Zuerst soll aber an einem Beispiele gezeigt werden, wie die Koeffizienten K_x und K_y ermittelt werden können, falls Schub- und Drehmoment bekannt sind. Hierdurch gelangen wir auch in den Besitz von bestimmten Zahlenwerten, und erhalten schon einige Aufschlüsse über die Größen der Koeffizienten K_x und K_y.

Bestimmung der Koeffizienten K_x und K_y für eine 2 flügelige Luftschraube von 2,05 m Durchmesser.

In Nr. 44 der Zeitschrift des Vereins deutscher Ingenieure[1]) berichten Hofrat Dr. H. Scheit und Dipl.-Ing. Bobeth über Laboratoriumsversuche mit einer zweiflügeligen Luftschraube von 2,05 m Durchmesser. — Es soll in folgendem gezeigt werden, wie die Ermittelung der Koeffizienten K_x und K_y erfolgen kann, wenn Schub- und Drehmoment sowie die Turenzahlen bekannt sind. Die zur Berechnung nötigen Winkel sind der dem oben zitierten Aufsatze beigegebenen Figur der Schraube entnommen. Bei der Kleinheit der Figur und der geringen Anzahl von Querschnitten konnten die erforderlichen Abmessungen nur ungefähr ermittelt werden. — Es ist dies aber insofern belanglos, weil es hier weniger auf die Bestimmung der genauen Werte von K_x und K_y ankommt als auf die Erläuterung der Methode der Ermittlung dieser Koeffizienten. — Die der Berechnung zugrunde gelegten Dimensionen des Schraubenflügels sind in der untenstehenden Tabelle zusammengestellt:

R	δ	Δ F
0,20 m	45^0	0,0260 m^2
0,40 m	38^0 30′	0,0380 m^2
0,60 m	22^0 30′	0,0420 m^2
0,80 m	19^0	0,0405 m^2
0,95 m	15^0 50′	0,0240 m^2

[1]) Jahrgang 1911, Seite 1841.

Als Breite β der Flächenteilchen soll die Abwicklung der Saugseite in Rechnung gesetzt werden. Die Winkel, welche die einströmende Luft mit der Winkelhalbierenden der äußersten Elemente der Eintrittsseite bildet, sind bei der untersuchten Schraube schon ziemlich beträchtlich. — Die der Rateauschen Theorie zugrunde liegende Bedingung des stoßfreien Eintrittes ist deshalb eigentlich nicht erfüllt. Das Beispiel wurde aber dennoch gewählt, weil einerseits durch die Veröffentlichung des betreffenden Aufsatzes in der Z. d. V. d. I. weitere Kreise über die Versuche mit dieser Schraube informiert sind, und weil wir andererseits bei der Durchrechnung sehen werden, daß für die Praxis auch noch ziemliche Abweichungen von der Rateauschen Forderung des stoßfreien Eintrittes zulässig sind.

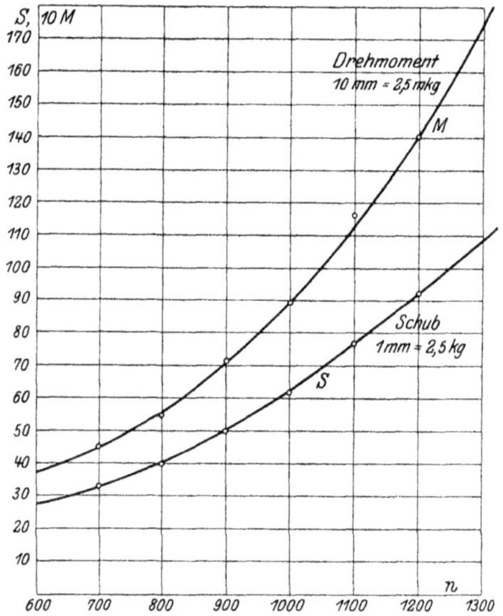

Fig. 11.

Wir denken uns den Flügel durch koaxiale Zylinderflächen in einzelne Streifen Δ F zerlegt, deren Schwerpunkte die Abstände R von der Achse besitzen; unter der Voraussetzung, daß die Resultierende des Luftdruckes im Schwerpunkt des Flächenelementes angreift, können wir dann ohne weiteres unsere Formeln auf die Flügel anwenden. — Setzen wir $\gamma/g = {}^1/_8$ und den Verlangsamungskoeffizienten $\varepsilon = 0{,}01$, so lautet Gleichung (3), da $V_0 = \omega x$ ist:

$$\Delta S = [0{,}248 \ \Delta F \ \omega^2 x^2 \sin \delta]\, K_y = A_S \cdot K_x$$

Für das Drehmoment erhalten wir nach Gleichung (5)

$$\Delta M = [0{,}248 \ \Delta F \ \omega^2 x^3 \ (1 - (1 - \varepsilon) \cos \delta)]\, K_y = A_M \cdot K_y$$

Die Ausdrücke sind mit 2 multipliziert, da die Schraube zwei Flüge besitzt. Die gemessenen Werte von Schub- und Drehmoment S_v und M_v sind nach den Angaben in dem Berichte der Herren Scheit und Bobeth in das Diagramm Fig. 11 eingetragen als Ordinaten zu den Turenzahlen als Abszissen. — Die Werte von K_x und K_y berechnen sich dann zu

$$K_x = \frac{S_v}{\Sigma A_S}\,; \quad K_y = \frac{M_v}{\Sigma A_M}$$

K_x und K_y sind dann natürlich nicht die den einzelnen Teilelementen entsprechenden Werte der Koeffizienten, sondern Mittelwerte über den ganzen Flügel.

In der Tabelle 1 sind die Ergebnisse der Berechnung von K_x und K_y für sechs verschiedene Turenzahlen zusammengestellt.

Tabelle 1.

n	A_S	S_v	K_x	A_M	M_v	K_y
700	23,5	33	1,40	3,60	4,5	1,24
800	33,2	40	1,22	5,13	5,5	1,08
900	42,0	50	1,20	6,48	7,1	1,09
1000	52,0	62	1,20	8,10	8,9	1,09
1100	62,8	77	1,22	9,70	11,6	1,18
1200	73,5	92	1,24	11,40	14,0	1,22

Bilden wir einen Mittelwert aus den 6 errechneten Werten von K_x bzw. K_y, so erhalten wir:

$$K_x = 1{,}24; \quad K_y = 1{,}15.$$

Trotz des keineswegs stoßfreien Eintrittes haben wir für die Koeffizienten K_x und K_y Werte ermitteln können, die uns mit für die Praxis hinreichender Genauigkeit erlauben, Schub- und Drehmoment für diese Schraube bei Turenzahlen zwischen 600 und 1300 U/min zu ermitteln. — Das Resultat ist umso erfreulicher, als bei dieser Schraube auch die Ablenkungswinkel sehr groß sind. — Wenn wir die Werte der K_x bzw. K_y näher betrachten, fällt uns sofort auf, daß die Turenzahl anscheinend keinen Einfluß auf die Größe dieser beiden Koeffizienten ausübt. Wir werden diese Wahrnehmung durch weitere Anwendung unserer Formeln auf anderweitiges Versuchsmaterial voll bestätigt finden.

Anwendung der Gleichungen (3), (4) und (5) auf eine zweiflüglige Luftschraube des L. Z.

Auf der Propellerprüfeinrichtung der Luftschiffbau Zeppelin G. m. b. H. wurde für einen zweiflügligen Metallpropeller von 4,6 m Durchmesser durch zwei getrennte Versuche der in den Diagrammen Fig. 12 und 13 graphisch dargestellte Verlauf von Schub- und Drehmoment ermittelt. Es sollen nun für verschiedene Winkelgeschwindigkeiten Schub- und Drehmomente dieser Schraube mit den For-

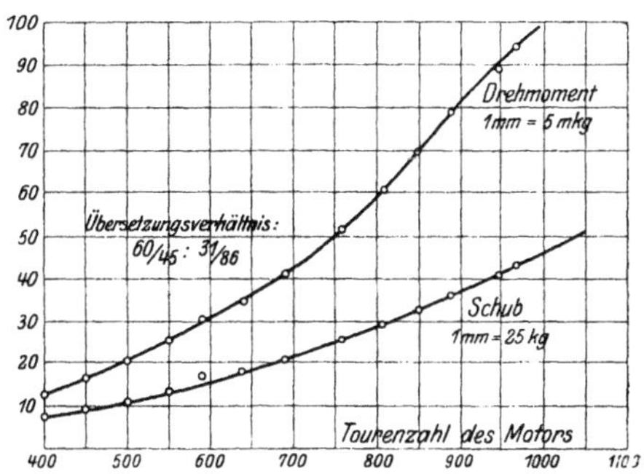

Fig. 12.

meln (3), (4) und (5) nachgerechnet und mit den tatsächlich gemessenen Größen der Schübe und Drehmomente verglichen werden.

Wir denken uns den Flügel wieder durch Zylinderflächen in einzelne

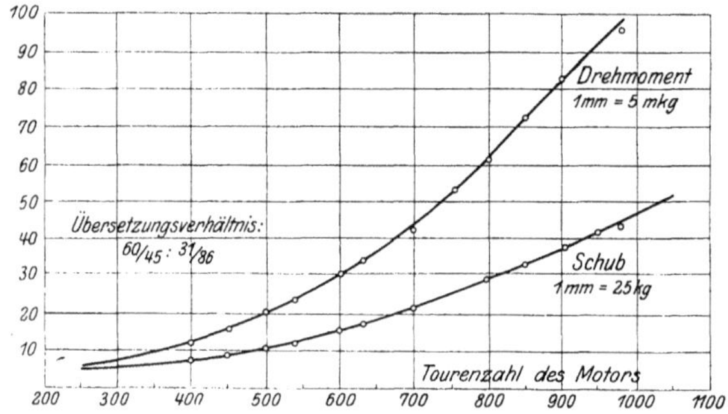

Fig. 13.

Streifen zerlegt, und zwar nehmen wir 10 solcher Streifen von je 20 cm Breite, auf dem Radius gemessen. — Die für die Rechnung nötigen Abmessungen des untersuchten Propellers sind in der Tabelle 2 zusammengestellt. — Es sei bemerkt, daß dieser Propeller veränderliche Steigung besitzt. Für γ/g soll im folgenden 1/8 in Rechnung gesetzt werden. Den Verlangsamungskoeffizienten ε nehmen wir wieder zu 0,01 an.

Tabelle 2.

R	δ	β	ΔF
0,400	37° 30′	0,305	0,0610
0,600	34° 50′	0,342	0,0684
0,800	32° 30′	0,372	0,0744
1,000	27°	0,414	0,0828
1,200	22° 10′	0,450	0,0900
1,400	20°	0,450	0,0900
1,600	17° 30′	0,450	0,0900
1,800	15° 50′	0,450	0,0900
2,000	14°	0,450	0,0900
2,200	11°	0,450	0,0900

a) Die Berechnung des Schubes.

Der Koeffizient K_x wurde, wie im vorhergehenden erläutert, ermittelt und mit großer Annäherung bei verschiedenen Winkelgeschwindigkeiten konstant gefunden. Der Wert von K_x für die untersuchte Schraube beträgt

$$K_x = 1,44$$

Unsere Gleichung (3) lautet mit $\gamma/g = 1/8$, $\varepsilon = 0,01$ und $K_x = 1,44$:

$$\Delta S = \frac{1,44}{8} \Delta F \omega^2 x^2 \; 0,99 \sin \delta \cdot 2 \cdot K_x$$

In der Tabelle 3 sind für die einzelnen Flächenelemente die errechneten Werte $\Delta S/K_x$ für verschiedene Winkelgeschwindigkeiten von $\omega = 15\,sec^{-1}$ bis $\omega = 60\,sec^{-1}$ zusammengestellt.

Tabelle 3.

R	ω									
	15	20	25	30	35	40	45	50	55	60
0,40	0,34	0,59	0,92	1,34	1,80	2,36	3,00	3,70	4,50	5,32
0,60	0,80	1,40	2,20	3,20	4,30	5,60	7,12	8,75	10,70	12,65
0,80	1,40	2,48	3,90	5,62	7,60	9,90	12,50	15,50	18,80	22,30
1,00	2,15	3,75	5,80	8,50	11,40	14,90	19,00	23,40	28,50	33,80
1,20	2,78	4,85	7,51	11,10	14,80	19,30	24,70	30,50	36,80	43,70
1,40	3,43	6,00	9,40	13,70	18,50	24,00	30,50	37,50	45,60	54,00
1,60	3,94	6,90	10,70	15,70	21,10	27,50	35,00	43,00	52,40	62,00
1,80	4,55	8,00	12,50	18,30	24,70	32,00	40,80	50,00	61,00	72,10
2,00	4,95	8,70	13,60	19,80	26,80	34,70	44,00	54,00	66,00	78,00
2,20	5,00	8,36	13,00	19,00	25,70	33,50	42,60	52,20	63,50	75,00
$\Sigma \frac{\Delta S}{K_x}$	31,34	51,03	79,53	116,26	156,70	203,76	259,22	318,55	387,80	458,87

In der Tabelle 4 sind zum Vergleiche die bei zwei Versuchen auf dem Probierstande bei entsprechenden Turenzahlen gemessenen Werte mit den aus der Tabelle 3 unter Zugrundelegung von $K_x = 1,44$ berechneten Schüben zusammengestellt. Man sieht aus diesem Vergleiche, daß die Anwendung der Formel (3) zur Berechnung des Schubes für die untersuchte Schraube eine fast vollständige Übereinstimmung mit den bei den Versuchen gemessenen Werten ergibt. — Es ist hierbei noch zu bedenken, daß, wie aus der Tabelle 2 zu ersehen ist, die Ablenkungswinkel, besonders in der Nähe der Nabe, schon erhebliche Werte annehmen. Im vorliegenden Falle rührt dies davon her, daß der zu den Versuchen verwendete Propeller keine Hubschraube war, sondern für Marschgeschwindigkeiten berechnet war. Die Übereinstimmung der Rechnung mit der Wirklichkeit würde mit kleineren Winkeln δ sicher noch besser werden.

Tabelle 4.

ω	Versuch I S_v in kg	Versuch II S_v in kg	$\Sigma \Delta S \cdot K_x$	Bemerkungen
15	48	48	46	
20	75	75	74	
25	115	115	114	
30	165	163	167	
35	225	221	225	
40	293	295	293	
45	370	380	373	
50	455	460	460	
55	557	559	557	extrapoliert
60	660	662	660	„

b) Die Berechnung des Drehmomentes.

Der Koeffizient K_y wurde durch den Versuch ermittelt zu $K_y = 0{,}96$. Setzt man wieder $\gamma/g = 1/8$ und $\varepsilon = 0{,}01$, so erhält man nach Gleichung (5) für den Anteil eines Flächenteilchens ΔF im Abstande x von der Achse zum Drehmomente

$$\Delta M = \frac{0{,}96}{8} \Delta F \omega^2 x^3 (1 - (1 - \varepsilon) \cos \delta)$$

Nach diesem Ansatze wurden wieder für verschiedene Winkelgeschwindigkeiten die den einzelnen Flügelelementen entsprechenden Elementar-Drehmomente ermittelt. In der Tabelle 5 sind die so errechneten Werte zusammengestellt.

Tabelle 5.

R	ω									
	15	20	25	30	35	40	45	50	55	60
0,40	0,02	0,03	0,05	0,07	0,10	0,12	0,16	0,19	0,24	0,29
0,60	0,07	0,12	0,19	0,28	0,38	0,49	0,62	0,76	0,93	1,10
0,80	0,19	0,34	0,53	0,77	1,04	1,35	1,72	2,12	2,57	3,05
1,00	0,42	0,74	1,16	1,69	2,27	2,95	3,75	4,62	5,62	6,68
1,20	0,82	1,44	2,25	3,27	4,42	5,76	7,30	9,00	11,00	13,00
1,40	1,33	2,35	3,65	5,32	7,20	9,36	11,90	14,60	17,80	21,00
1,60	2,02	3,57	5,55	8,05	10,90	14,16	18,00	22,20	26,80	32,00
1,80	2,88	5,05	7,90	11,50	15,50	20,30	25,70	31,60	38,00	45,60
2,00	3,96	6,95	10,90	15,80	21,50	27,90	35,40	43,50	53,00	61,10
2,20	5,32	9,40	14,62	21,30	28,70	37,50	47,50	58,60	71,00	84,20
$\Sigma \frac{\Delta M}{K_y}$	17,03	29,99	46,80	68,05	92,01	119,89	153,05	187,19	226,96	268,02

Zum Vergleiche sind in der Tabelle 6 die entsprechenden bei den Versuchen 1 und 2 gemessenen Drehmomente mit den unter Zugrundelegung von $K_y = 0{,}96$ errechneten Werten zusammengestellt. Auch hier ist eine für praktische Zwecke hinreichende Übereinstimmung vorhanden.

Tabelle 6.

ω	Versuch I M_v in mkg	Versuch II M_v in mkg	$\Sigma \Delta M \cdot K_y$	Bemerkungen
15	15	16	16,5	
20	26	26	28,5	
25	42	42	44,5	
30	62	61	65	
35	88	86	88	
40	123	117	115	
45	165	160	147	
50	194	194	180	
55	—	208	216	extrapoliert
60	—	—	—	„

Um ein möglichst anschauliches Bild des Einflusses der Winkelgeschwindigkeit auf den Beitrag eines Flächenelementes zum Schub- bzw.

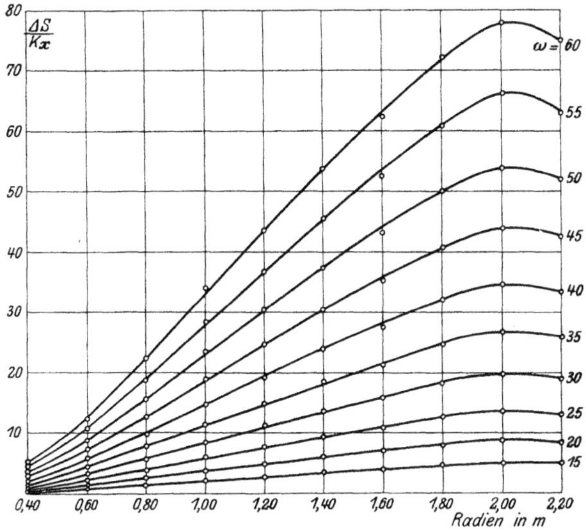

Fig. 14.

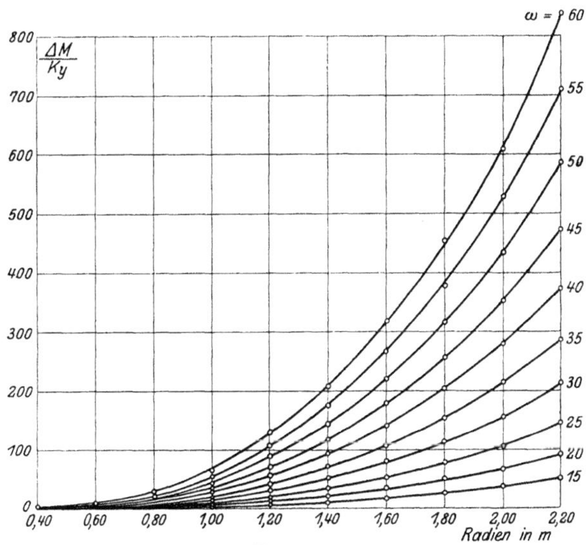

Fig. 15.

Drehmoment zu erhalten, sind in den Diagrammen Fig. 14 und 15 die errechneten Elementarschübe bzw. Drehmomente als Ordinaten zu den mittleren Abständen der Flächenteilchen von der Achse als Abszissen aufgetragen. — Der Inhalt der von den einzelnen Kurven, der Abszissenachse und den Ordinaten bei den Radien 0,40 und 2,20 eingeschlossenen Flächen gibt dann den Schub bzw. das Drehmoment des gesamten Flügels. Den Beitrag eines Flächenteilchens zur Umfangskraft erhält man, wenn man die Ordinaten der Drehmomentkurve mit den entsprechenden Abständen von der Achse dividiert, da ja:

$$\Delta M = \Delta P \cdot x, \text{ also } \Delta P = \frac{\Delta M}{x}$$

ist. Die Kurven der Elementarschübe bzw. Umfangskräfte sind für die Festigkeitsberechnung von Schraubenflügeln wichtig. Aus der Kurve

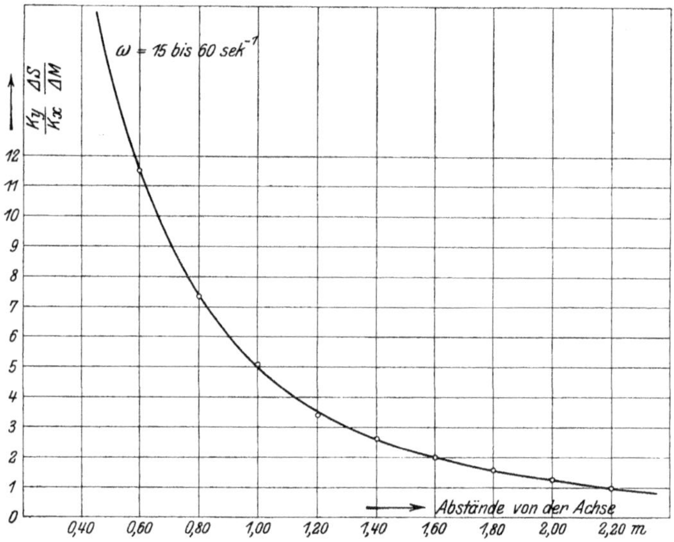

Fig. 16.

der Umfangskräfte bzw. der Schubkräfte läßt sich durch Zeichnung eines Seilpolygones auch sofort die Lage der Resultierenden der $\Sigma\,\Delta\,S$ bzw. $\Sigma\,\Delta\,P$ bestimmen. Mit Hilfe der Kurven auf Fig. 14 und 15 können wir auch noch den Verlauf des Wertes $\vartheta_J = \Delta\,S/\Delta\,M$ für diesen Propeller in Abhängigkeit von der Winkelgeschwindigkeit untersuchen. Wir hatten früher

$$\vartheta_{J\,max} = \frac{K_x}{K_y}\,\frac{1-\varepsilon}{\sqrt{2\,\varepsilon}}\cdot\frac{1}{x} = \text{const}\,\frac{1}{x}$$

falls der Ablenkungswinkel konstant und so gewählt war, daß $\cos\delta = 1 - \varepsilon$ wurde.

Im vorliegenden Falle haben wir veränderliche Winkel, also für die einzelnen Flächenelemente, da ja die Koeffizienten K_x und K_y von δ

abhängig sind, auch ein veränderliches Verhältnis ϑ_J. In der graphischen Darstellung Fig. 16 kommt dies nicht zum Ausdrucke, da K_x/K_y als arithmetisches Mittel über den ganzen Flügel ermittelt wurde. Das Verhältnis K_x/K_y nimmt, wie wir später an Hand der Bendemannschen Versuche sehen werden, stetig zu bis ca. 12° und hält sich dann bis annähernd 26° ziemlich konstant. Die Ablenkungswinkel der vorliegenden Schraube nehmen mit wachsendem Radius ab. Es wird deshalb eine Verzerrung der Kurve auf Diagramm 16 in der Art eintreten, daß ϑ_J mit wachsendem Abstand von der Achse noch kleiner wird. — Die Ordinaten der ϑ_J-Kurve sind mit dem konstanten Faktor K_y/K_x multipliziert.

Die Werte der ϑ_J sind für ein und dasselbe Flügelelement für alle Winkelgeschwindigkeiten konstant. Der Schar der S- und M-Kurven für verschiedene Werte von ω entspricht also eine einzige Kurve der ϑ_J. Aus dem Verlaufe des Wertes ϑ_J der einzelnen Flächenteilchen läßt sich natürlich noch nicht ohne weiteres auf die Abhängigkeit von ϑ für die Kraftausnutzung des ganzen Flügels von der Winkelgeschwindigkeit schließen.

2. Die Ausführung der Integration für bestimmte Fälle der ortsfesten Schraube.

Die vorhergehenden Untersuchungen haben gezeigt, daß die Anwendung der Rateauschen Theorie recht befriedigende Resultate ergibt, so daß man zu der Annahme berechtigt ist, durch den weiteren Ausbau unserer Ansätze noch manchen Aufschluß über die günstigsten Verhältnisse bei Luftschrauben zu erhalten. Es sei nochmals daran erinnert, daß auch für die folgenden Betrachtungen ein möglichst stoßfreier Eintritt der Luft in den Flügel, sowie gegen die Umfangsgeschwindigkeit vernachlässigbare Anströmgeschwindigkeiten vorausgesetzt werden. — Wir wollen also unter dem Ablenkungswinkel stets den Winkel der Winkelhalbierenden der äußersten Elemente der austretenden Kante mit der Richtung der Umfangsgeschwindigkeit verstehen, wobei jedoch kleine Abweichungen an der eintretenden Kante zulässig sind. Da wir im Vorausgehenden zu der Einsicht kamen, daß die Schraube mit konstantem Ablenkungswinkel die beste Kraftausnutzung gewährt, hat die Schraube mit radial konstantem δ, also variabler Steigung das größte Interesse für uns. Wir wollen die Integration deshalb zuerst für diesen Fall durchführen.

Die folgenden Betrachtungen sind stets für die Flügelzahl $Z = 1$ durchgeführt.

A. Die Hubschrauben mit radial konstantem Ablenkungswinkel.

Wir hatten früher allgemein

$$\Delta S = \frac{\gamma}{g} K_x \Delta F V_0 \omega (1 - \varepsilon) \sin \delta x \quad . \quad . \quad . \quad (3)$$

$$\Delta P = \frac{\gamma}{g} K_y \Delta F V_0 \omega (1 - (1 - \varepsilon) \cos \delta) x \quad . \quad . \quad (4)$$

$$\Delta M = \frac{\gamma}{g} K_y \Delta F V_0 \omega (1 - (1 - \varepsilon) \cos \delta) x^2 \quad . \quad . \quad (5)$$

Da nach Voraussetzung $V_0 = \omega x$ ist, erhält man für konstanten Ablenkungswinkel, bei konstanter Breite β des Flügels, wenn man gleichzeitig zum Differential übergeht und für ΔF schreibt: $\Delta F = \beta dx$:

$$dS = \frac{\gamma}{g} K_x \beta \omega^2 (1 - \varepsilon) \sin \delta x^2 dx$$

$$dP = \frac{\gamma}{g} K_y \beta \omega^2 (1 - (1 - \varepsilon) \cos \delta) x^2 dx$$

$$dM = \frac{\gamma}{g} K_y \beta \omega^2 (1 - (1 - \varepsilon) \cos \delta) x^3 dx$$

Durch Ausführung der Integration in den Grenzen $x = R_a$; $x = R$ erhält man für den Schub

$$S = \frac{\gamma}{g} K_x \beta \omega^2 (1 - \varepsilon) \sin \delta \frac{R_a^3 - R_i^3}{3} \quad . \quad . \quad (9)$$

Für die Umfangskraft liefert die Integration:

$$P = \frac{\gamma}{g} K_y \beta \omega^2 (1 - (1 - \varepsilon) \cos \delta) \frac{R_a^3 - R_i^3}{3} \quad . \quad (10)$$

Endlich erhalten wir für das Drehmoment bzw. die Leistung

$$M = \frac{\gamma}{g} K_y \beta \omega^2 (1 - (1 - \varepsilon) \cos \delta) \frac{R_a^4 - R_i^4}{4} \quad . \quad (11)$$

$$L = \frac{\gamma}{g} K_y \beta \omega^3 (1 - (1 - \varepsilon) \cos \delta) \frac{R_a^4 - R_i^4}{4} \quad . \quad (11a)$$

In den meisten praktisch vorkommenden Fällen wird man den Flügel so nahe wie möglich an die Achse herantreten lassen, schon mit Rücksicht darauf, daß die Kraftausnutzung in der Nähe der Nabe eine sehr gute ist. R_i wird also im Verhältnis zu R_a meist sehr klein sein, so daß man R_i^3 bzw. R_i^4 gegen R_a^3 und R_a^4 vernachlässigen kann. Wir erhalten dann

$$S = \frac{\gamma}{g} K_x \beta \omega^2 (1 - \varepsilon) \sin \delta \frac{R_a^3}{3} \quad . \quad . \quad . \quad . \quad (9')$$

$$P = \frac{\gamma}{g} K_y \beta \omega^2 (1 - (1 - \varepsilon) \cos \delta) \frac{R_a^3}{3} \quad . \quad . \quad (10')$$

$$M = \frac{\gamma}{g} K_y \beta \omega^2 (1 - (1 - \varepsilon) \cos \delta) \frac{R_a^4}{4} \quad . \quad . \quad (11')$$

Für den Abstand der Resultierenden der Umfangskräfte von der Achse erhält man unter der obigen Vereinfachung

$$\rho = \frac{M}{P} = \frac{3}{4} R_a$$

Nach unseren bisherigen Ergebnissen stellt eine Schraube mit radial konstanten Ablenkungswinkeln den günstigsten Fall der Hubschraube dar. Unsere [1]) Formeln (9′), (10′) und (11′) würden also bei geeigneter Wahl von δ bzw. β die Hubschraube bester Kraftausnützung charakterisieren. Es wird deshalb von Interesse sein, unsere Formeln mit den von Ch. Renard für seine „Helix optima" angegebenen Leistungsformeln zu vergleichen. Renard hat unter verschiedenen Schrauben konstanter Steigung diejenige am günstigsten gefunden, welche eine konstante Steigung = 0,75 D aufwies. Er fand hierfür

$$S_R = a_s n^2 D^4, \text{ wobei } a_s = 0{,}026 \text{ ist,}$$
$$L_R = a_l n^3 D^5, \text{ wobei } a_l = 0{,}015 \text{ ist.}$$

n bezeichnet hierbei die sekundliche Drehzahl, D den Außendurchmesser. Man kann ferner, wie wir später sehen werden, schreiben: $S/L = C/\omega R$. Mit dieser Bezeichnungsweise erhält man für die günstigste Kraftausnützung der Renardschen Schraube $C = 5{,}37$.

Um unsere Gleichungen zur Übereinstimmung mit den Renardschen Formeln zu bringen, führen wir die Flügelbreite als Funktion des Radius ein, indem wir schreiben; $\psi = \beta/R$. Wir wollen nun die Größen von a_s bzw. a_l sowie von C für unsere Schraube unter Annahme günstiger Verhältnisse ermitteln.

Wie wir später sehen werden, können wir günstige Resultate erwarten, wenn wir setzen:

$$\psi = \frac{1}{8}; \ \frac{\gamma}{g} = \frac{1}{8}; \ \delta = 8^0; \ \varepsilon = 0{,}01; \ K_x = 3{,}0; \ K_y = 2{,}0.$$

Unsere Formeln (9′) und (11′) gehen durch Einsetzen dieser Zahlenwerte über in

$$S_D = a_s D^4 n^2, \text{ wobei } a_s = 0{,}0053 \text{ und}$$
$$L_D = a_l D^5 n^3, \text{ wobei } a_l = 0{,}0012 \text{ ist.}$$

---

[1]) Die Formeln sind für Z = 1 aufgestellt. Für andere Flügelzahlen sind dieselben mit z . Z zu multiplizieren, wobei z ein den Einfluß der Flügelzahl berücksichtigender Koeffizient ist.

Unsere Formeln sind für die Flügelzahl $Z = 1$ aufgestellt.

Ein direkter Vergleich der Koeffizienten a_s bzw. a_l mit den für die helix optima angegebenen Zahlenwerten ist deshalb nicht möglich. Für die höchstmögliche Kraftausnutzung erhält man für unsere Schraube:

$$C = \pi \frac{a_s}{a_l} = 13{,}8$$

also einen bedeutend höheren Wert als der Renardsche.

Bemerkt sei, daß, wie wir später sehen werden, die angenommenen Zahlenwerte keineswegs zu hoch eingesetzt sind.

Es soll hier auch noch näher auf den sogenannten Gütegrad der Schraube eingegangen werden. Ausgehend von Rankines Theorie hat Professor Finsterwalder bewiesen, daß der im günstigsten Fall denkbare größte axiale Schub gegeben ist durch die Gleichung:

$$S' = \sqrt[3]{2 \frac{\gamma}{g} F L^2}$$

wobei F die von den Flügelspitzen der Schraube beschriebene Fläche, L die Leistung ist. Das Verhältnis $\zeta = S/S'$ des mit einer bestimmten Leistung tatsächlich erreichten Schubes zum theoretisch mit dieser Leistung im günstigsten Falle erreichbaren Schube kann nie größer als 1 werden. Wir wollen prüfen, ob unsere Gleichungen dieser Anforderung entsprechen. Wir können schreiben:

$$\zeta = \frac{2}{3} K_x \cdot Y_s \sqrt[3]{\left(\frac{\beta}{R}\right) \frac{1}{\pi (K_y Y_M)^2}} \quad . \quad . \quad . \quad (12)$$

wobei nach unserer früheren Schreibweise ist:

$$Y_S = (1-\varepsilon) \sin \delta$$
$$Y_M = (1 - (1-\varepsilon) \cos \delta)$$

Mit der Renardschen Schreibweise erhält man:

$$\zeta = a_S \cdot \sqrt[3]{\frac{2}{\frac{\gamma}{g} \pi a_l^2}} \quad . \quad . \quad . \quad . \quad . \quad . \quad (12a)$$

Durch Einsetzen der für a_s bzw. a_l gefundenen Werte, erhält man

$$\zeta = 0{,}82$$

Dies ist ein ganz plausibler Wert, der sicher erreichbar ist. Die Ergebnisse unserer Formel stehen also auch nicht im Widerspruche mit dem Satze von der Erhaltung der Energie. Renard erhält bekanntlich $\zeta = 0{,}73$. Unsere Schraube verspricht also einen bedeutend höheren Gütegrad. Es sei nochmals darauf hingewiesen, daß unsere Zahlen noch nicht das erreichbare Maximum darstellen, sondern nur Werte sind, welche man auf Grund der experimentellen Ermittelungen zweifellos erreichen kann.

Führt man noch die Flügelzahl Z sowie einen dieselbe berücksichtigenden Koeffizienten z ein, so könnte man auch schreiben

$$\frac{\beta}{R} = \zeta \frac{27}{8} \pi \frac{(K_y Y_M)^2}{(K_x Y_S)^3} z Z \quad . \quad . \quad . \quad . \quad . \quad (13)$$

eine Beziehung, welche vielleicht mit Hilfe der nötigen experimentalen Grundlagen Aufschlüsse über die günstigste Wahl von β/R bzw. Z geben könnte.

Kehren wir zu unseren Betrachtungen über die Schraube mit radial konstantem Ablenkungswinkel zurück.

Das Verhältnis des aufzuwendenden Drehmomentes zum erzielten Schube ergibt sich für eine Schraube mit derartigen Flügeln bei konstantem β zu

$$\vartheta = \frac{K_x}{K_y} \cdot \frac{(1-\varepsilon)\sin\delta}{1-(1-\varepsilon)\cos\delta} \cdot \frac{4}{3} \cdot \frac{R_a^3 - R_i^3}{R_a^4 - R_i^4} \quad . \quad . \quad (14)$$

und bei Vernachlässigung von R_i^3 bzw. R_i^4:

$$\vartheta' = \frac{K_x}{K_y} \cdot \frac{(1-\varepsilon)\sin\delta}{1-(1-\varepsilon)\cos\delta} \cdot \frac{4}{3} \frac{1}{R_a} \quad . \quad . \quad . \quad . \quad . \quad (14')$$

Wir wissen aus unseren früheren Betrachtungen, daß ϑ sein Maximum erreicht, wenn $\cos\delta = 1 - \varepsilon$ wird. Setzen wir dies in Gleichung (14) bzw. (14′) ein, so erhält man unter der Vereinfachung, daß $\sin\delta = \sqrt{2\varepsilon}$ gesetzt wird:

$$\vartheta_{max} = \frac{K_x}{K_y} \cdot \frac{1-\varepsilon}{\sqrt{2\varepsilon}} \cdot \frac{4}{3} \cdot \frac{R_a^3 - R_i^3}{R_a^4 - R_i^4} \quad . \quad . \quad (15)$$

$$\vartheta'_{max} = \frac{K_x}{K_y} \cdot \frac{1-\varepsilon}{\sqrt{2\varepsilon}} \cdot \frac{4}{3} \cdot \frac{1}{R_i} \quad . \quad . \quad . \quad . \quad . \quad (15')$$

Wir sehen also, daß für eine bestimmte Schraube ϑ_{max} unabhängig von der Winkelgeschwindigkeit ist, ein Resultat, zu dem wir schon auf Grund unserer früheren Betrachtungen gekommen sind.

Dr.-Ing. Bendemann kommt auf Grund einer allgemeinen Überlegung in seinem Aufsatze „Luftschraubenuntersuchungen der Geschäftsstelle für Flugtechnik des Sonderausschusses der Jubiläumsstiftung der deutschen Industrie" zu demselben Resultate, welches unsere vereinfachte Gleichung 15′ ausspricht. Bendemann nimmt an, daß die Luftkräfte im allgemeinen bei zunehmenden Geschwindigkeiten, während sie an Größe wachsen, ihre Richtung und Lage nicht verändern und, was dasselbe ist, das aerodynamische Strömungssystem sich bei verschiedenen Winkelgeschwindigkeiten ähnlich bleibt. Daraus folgert er, daß das Verhältnis S/M für eine und dieselbe Schraube einen bei allen Winkelgeschwindigkeiten konstanten Wert hat. Zu diesem Ergebnis sind wir auf Grund unserer ϑ_J-Kurve für die einzelnen Flächenteilchen der im vorigen Abschnitte untersuchten Flügel ebenfalls gekommen.

Wir sind uns dabei nur noch nicht klar geworden, ob, falls die ϑ_Δ konstant bleiben, sich nicht doch das Verhältnis ϑ für den ganzen Flügel verändert haben könnte.

Bendemann schließt nun weiter und findet seine Annahme durch Versuche bestätigt, daß, falls man dieselbe Schraube in anderem Maßstabe geometrisch ähnlich herstellt, auch geometrisch ähnliche Luftbewegungen entstehen werden, die Größe S/M hat die Dimension 1 : Länge. Folglich verhalten sich die Werte ϑ bei ähnlichen Systemen umgekehrt wie die Längen. Wählt man als bezeichnendes Längenmaß den Radius R der Flügelspitze, so kann man schreiben:

$$\frac{S}{M} = \frac{Const}{R} = \frac{C}{R}$$

Dies ist aber nichts anderes, als unsere Gleichung (15′), denn für eine bestimmte Hubschraube ist $\frac{K_x}{K_y} \cdot \frac{1-\varepsilon}{\sqrt{2\,\varepsilon}} \cdot \frac{4}{3}$ ein konstanter Wert. Unsere Formel gibt uns nur schon nähere Auskunft über den Wert von C. Sie lehrt uns auch, daß die Bendemannschen Folgerungen doch nur mit gewissen Einschränkungen statthaft sein dürften. Denn sowohl das Verhältnis K_x/K_y als auch vor allem der Verlangsamungskoeffizient ε werden sich bei geometrisch ähnlichen Schrauben unter Umständen doch ändern.

Im Auftrage des Sonderausschusses der Jubiläumsstiftung der Deutschen Industrie wurden von Dr.-Ing. Bendemann eingehende Versuche mit Hubschrauben angestellt, deren Resultate zum Teil in der Zeitschr. für Flugtechnik und Motorluftschiffahrt veröffentlicht wurden. Es wurden u. a. auch eine Reihe von Schrauben mit radial konstanten Profilen bei verschiedenen Anstellwinkeln untersucht. Auf diese Schrauben sind unsere Formeln (9), (10) und (11) ohne weiteres anwendbar. Allerdings ist die Voraussetzung des kleinen Eintrittswinkels nicht stets erfüllt, doch werden wir sehen, daß die Anwendung unserer Formeln trotzdem wichtige Aufschlüsse ergibt. Außerdem kommen ja für praktische Fälle Winkel über 12^0 kaum in Betracht.

Es sollen nun im folgenden mit Hilfe unserer Formeln die Bendemannschen Messungen zu einer Untersuchung der Abhängigkeit von K_x und K_y, sowie von ε von der Winkelgeschwindigkeit und dem Ablenkungswinkel benutzt werden.

Die Ermittlung von K_x und K_y für einige von Dr.-Ing. Bendemann untersuchten Schraubenformen.

Bendemann hat durch umfangreiche Versuche festgestellt, daß in seinem Meßbereiche für Hubschrauben nennenswerte Abweichungen von S und M vom quadratischen Gesetze nicht vorkommen. Das vollständige Ergebnis eines Einzelversuches über den Verlauf von S und M bei beliebigen Turenzahlen gibt er deshalb durch zwei Proportionalitäts-

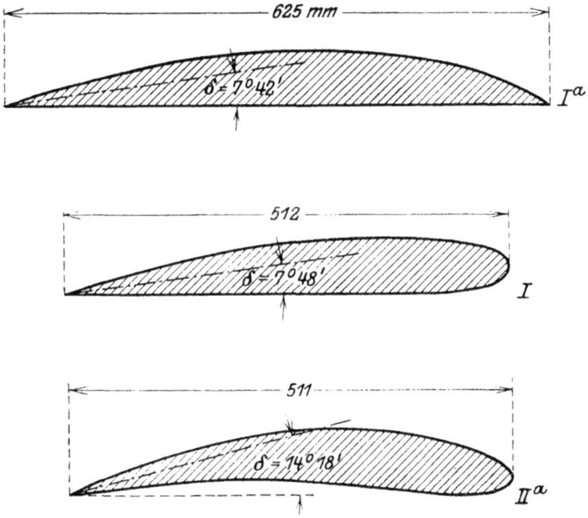

Fig. 17—19.

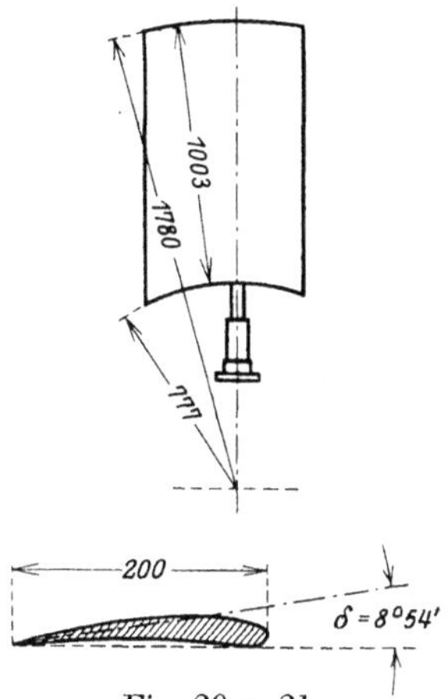

Fig. 20 u. 21.

werte 𝔓 und 𝔐 an. 𝔓 und 𝔐 sind die S und M für n = 100; für eine andere Tourenzahl n_1 er-

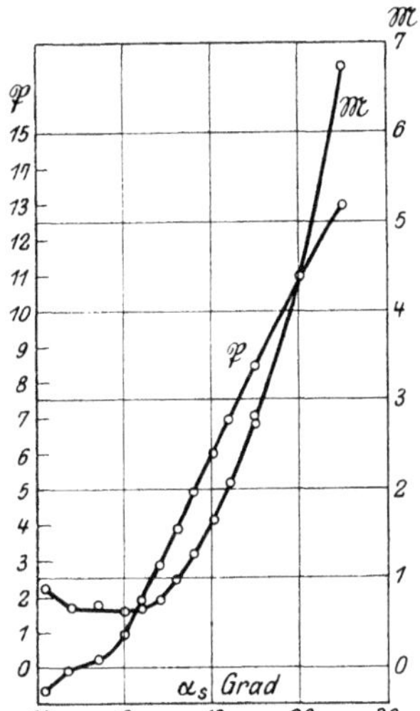

Fig. 22. Profil I a.

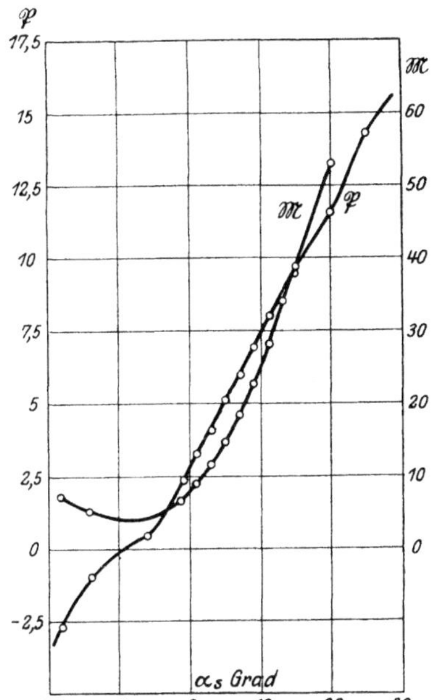

Fig. 23. Profil II a.

hält man S_1 und M_1 durch Multiplikation mit $(n_1/100)^2$. Hieraus ergibt sich für uns sofort, daß K_x und K_y von der Turenzahl vollkommen unabhängig sind, denn die Gleichungen (9) und (11) können für eine bestimmte Schraube bei gegebenem Ablenkungswinkel geschrieben werden:

$$S = K_x \omega^2 C_x, \qquad M = K_y \omega^2 C_y$$

wobei C_x und C_y Konstanten sind.

Wir begnügen uns hier vorläufig damit, die, für die mit I, Ia, IIa und Va bezeichneten Profile gefundenen Versuchswerte zur Ermittelung unserer Koeffizienten zu benutzen.

Die Abmessungen und Querschnitte der untersuchten Flügel sind den in den Berichten von Dr.

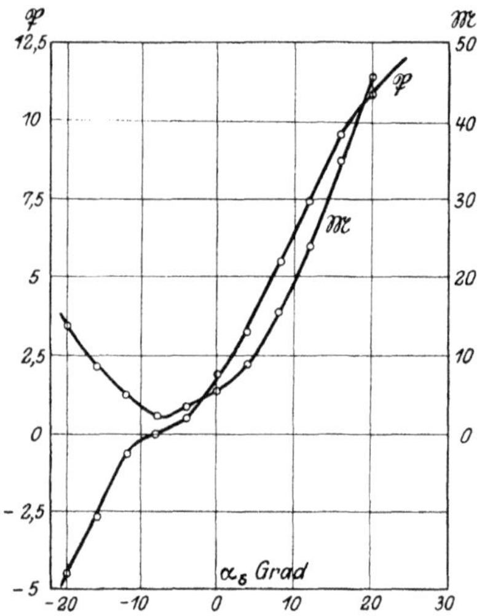

Fig. 24. Profil I.

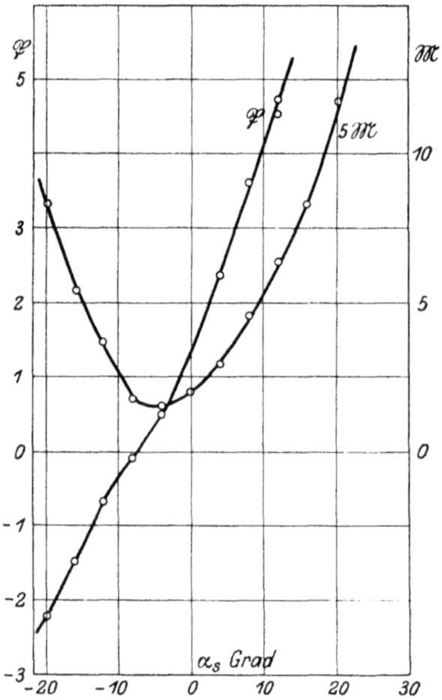

Fig. 25. Profil Va.

Bendemann über die Lindenberger Luftschraubenuntersuchungen[1]) enthaltenen Abbildungen entnommen und aus den umstehenden Figuren 17—21 ersichtlich.

Der von Dr. Bendemann festgestellte Verlauf der 𝔓- und 𝔐-Werte ist aus den Diagrammen[2]) Fig. 22, 23, 24 und 25 zu ersehen, welche ebenfalls den erwähnten Veröffentlichungen entnommen sind.

Die Bendemannschen Messungen geben nun, wie schon eingangs erwähnt, einen sehr hübschen Beweis für die Brauchbarkeit unserer Theorie. Offenbar muß natürlich der Schub zu Null werden, wenn der Ablenkungswinkel gleich Null wird, während für den Anstellwinkel = 0^0 im allgemeinen noch positiver Schub auftreten wird.

[1]) Luftschrauben-Untersuchungen der Geschäftsstelle des Sonderausschusses der Jubiläumsstiftung der deutschen Industrie von Dr.-Ing. F. Bendemann, München und Berlin. Verlag von R. Oldenbourg, 1911.

[2]) Als Abszissen sind die Anstellwinkel aufgetragen.

Aus den Kurven der Fig. 22—25 ist deutlich zu ersehen, daß erst bei einem gewissen negativen Anstellwinkel der Schub zu Null wird, und zwar tritt dies annähernd dann ein, wenn der Ablenkungswinkel $\delta = 0$ wird. Für die Profile I, Ia und Va stimmt dies fast genau, während bei II a der Schub schon etwas früher zu Null wird. Es mag dies mit der bei diesem Profil besonders starken Wölbung zusammenhängen.

Die Berechnung der Koeffizienten K_x und K_y ist mit Hilfe der Gleichungen (9) und (11) tabellarisch durchgeführt worden. Die ermittelten Werte sind in den untenstehenden Tabellen zusammengestellt.

Tabelle 7.

δ	K_x	K_y	K_x/K_y
	Profil I.		
1° 48′	0,70	2,76	0,254
3° 48′	0,76	2,12	0,358
5° 48′	0,98	2,01	0,485
7° 48′	1,150	1,840	0,625
9° 48′	1,296	1,600	0,810
11° 48′	1,455	1,880	0,775
13° 48′	1,600	2,130	0,750
15° 48′	1,720	2,080	0,823
17° 48′	1,780	2,360	0,795
19° 48′	1,875	2,360	0,791
	Profil I a.		
1° 42′	0,029	3,280	0,028
3° 42′	0,190	2,675	0,071
5° 42′	0,275	2,080	0,133
7° 42′	0,510	3,000	0,170
9° 42′	0,755	1,270	0,590
11° 42′	0,795	1,240	0,790
13° 42′	1,116	1,240	0,943
15° 42′	1,235	1,280	0,970
17° 42′	1,340	1,418	0,945
19° 42′	1,390	1,485	0,938
	Profil II a.		
0° 18′	16,800	6,600	2,540
2° 18′	1,260	5,300	0,238
4° 18′	0,222	4,200	0,053
6° 18′	0,094	3,320	0,028
8° 18′	0,324	2,950	0,110
10° 18′	0,425	2,875	0,148
12° 18′	0,765	3,100	0,246
14° 18′	0,940	3,140	0,306
16° 18′	1,118	3,320	0,338
18° 18′	1,272	3,560	0,348
20° 18′	1,377	3,660	0,376
22° 18′	1,450	3,840	0,378
24° 18′	1,520	4,120	0,372
26° 18′	1,600	4,130	0,386

ϑ	K_x	K_y	K_x/K_y
	Profil V a.		
0° 54′	2,200	5,100	0,411
2° 54′	1,915	4,100	0,468
4° 54′	1,540	3,480	0,441
6° 54′	1,720	3,050	0,564
8° 54′	1,900	2,530	0,752
10° 54′	2,215	2,730	0,810
12° 54′	2,305	2,780	0,828
14° 54′	2,520	2,640	0,955
16° 54′	2,715	2,540	1,070
18° 54′	2,800	2,510	1,120
20° 54′	2,900	2,700	1,070

Die in der Tabelle 7 enthaltenen Werte sind in den Diagrammen 26, 27, 28 und 29 graphisch dargestellt. Man sieht, daß von ca. 12° ab

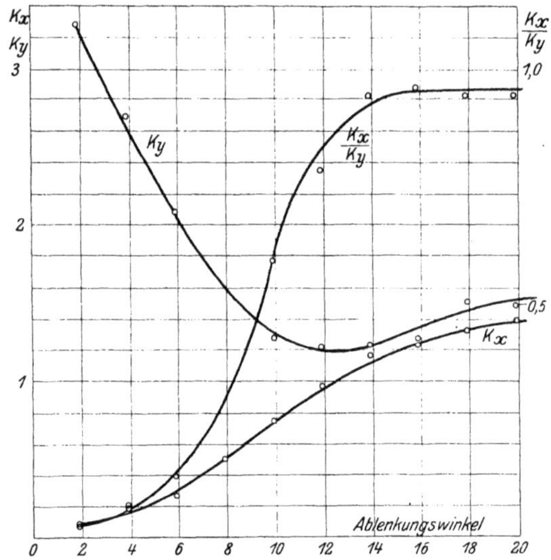

Fig. 26. Profil I a.

K_x/K_y vom Ablenkungswinkel nur mehr unwesentlich beeinflußt wird. Bei der analytischen Ermittlung der Bedingung des günstigsten Ablenkungswinkels fanden wir, daß $\vartheta_{max} = \frac{K_x}{K_y} \cdot \frac{1-\varepsilon}{\sqrt{2\varepsilon}} \cdot \frac{1}{x}$ wurde. Wir hatten dabei bei der Differentiation K_x/K_y als unabhängig von δ angenommen. Jetzt erkennen wir, daß dies nicht, oder doch nicht unbedingt zulässig war. Die Verhältnisse liegen jedoch hier so, daß der günstigste Ablenkungswinkel nach Forderung der analytischen Untersuchung zufällig nahe zusammenfällt mit dem Maximum von K_x/K_y; immerhin sieht man aber klar, daß man sehr vorsichtig mit der Anwendung theoretischer Maximabestimmungen sein muß. Aus dem bearbeiteten Ver-

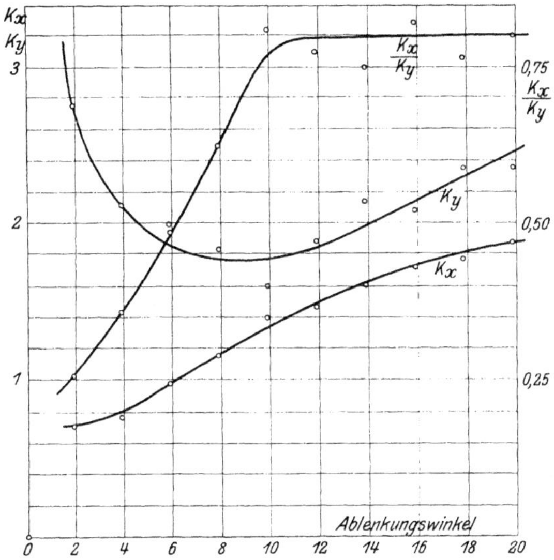

Fig. 27. Profil I.

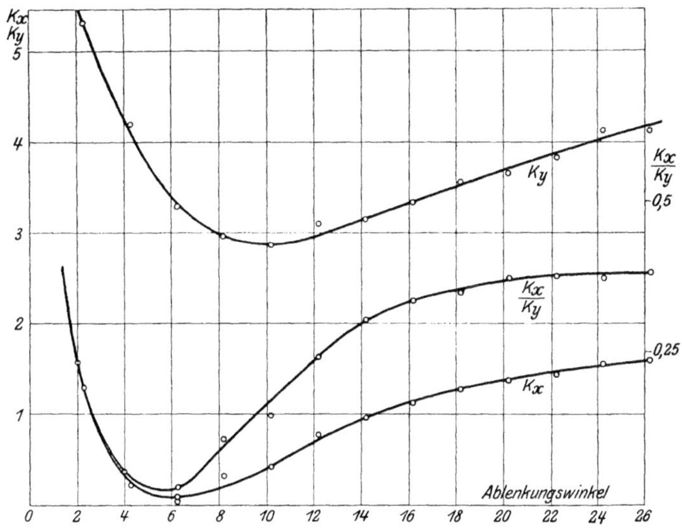

Fig. 28. Profil II a.

suchsmaterial sehen wir, daß die absolute Größe K_x/K_y bei den vier Profilen von gleicher Flügellänge ziemlich schwankt. I a und I haben bei annähernd gleichem δ_0 ein maximales K_x/K_y von 0,95 bzw. 0,80, vielleicht darf der höhere Wert bei I a auf Rechnung der abgerundeten Eintrittskante gesetzt werden. Einen ungünstigen Einfluß wird auch die größere Flügelbreite von I, 625 mm gegen 512, möglicherweise haben. Profil II a stellt sich bei annähernd gleicher Flügelbreite wie I a. mit $K_x/K_{y\,max} = 0{,}40$ am schlechtesten dar. Es ist dies mit Sicherheit auf den zu großen Ablenkungswinkel $\delta_0 = 14^0\,18'$ zurückzuführen, denn bei Prof. I a und I ist δ_0 nur ca. $7^0\,48'$, also nahe am theoretischen Maximum. Profil V a gibt den günstigsten Wert für K_x/K_y. Nach unserer

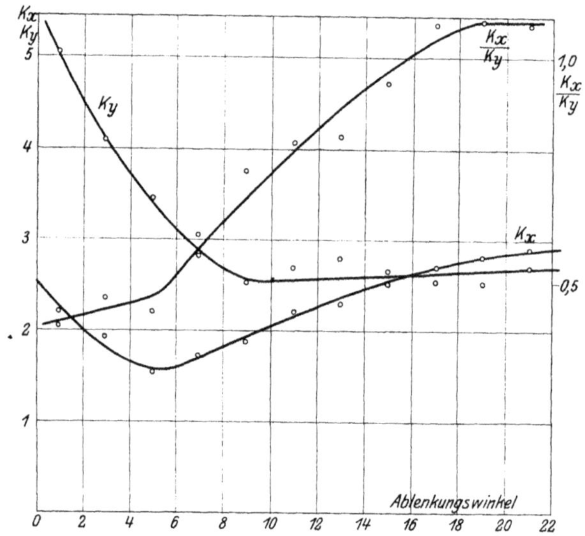

Fig. 29. Profil V a.

Anschauung mußte dies auch eintreten, denn die Flügelbreite ist reduziert $\beta = 200$ mm, $\delta_0 = 8^0\,54'$, also in der Nähe des theoretischen Maximums. Die Eintrittskante ist mit Abrundung versehen. Es sei hier darauf hingewiesen, daß die Abrundung der Eintrittskante einen Einfluß auf die Ablenkung der vorbeiströmenden Luft ausüben kann, welcher in unserem Ansatze nicht berücksichtigt ist. Zurzeit ist es auch ohne große Komplikationen nicht möglich, alle die Strömung beeinflussenden Faktoren zu berücksichtigen. Während bei den Profilen I a, I und II a das Maximum von K_x/K_y übereinstimmend ungefähr bei $\delta = 12^0$ liegt, scheint bei V a das Maximum von K_x/K_y erst höher einzutreten. Hierdurch wird die gesamte Kraftausnutzung $\vartheta = \frac{K_x}{K_y} \cdot \frac{1 - \varepsilon}{\sqrt{2\,\varepsilon}} \cdot \frac{1}{x}$ wieder erniedrigt, da die Maximalbedingung für K_x/K_y nicht mit der Forderung des günstigsten

Ablenkungswinkels zusammenfällt, wie dies bei den drei ersten Profilen eher der Fall ist.

Wir haben jetzt, soweit es im Rahmen dieser Arbeit möglich ist, einen gewissen Einblick in das Verhalten der Koeffizienten K_x und K_y gewonnen. Eine systematische Auswertung der Lindenberger Messungen dürfte schon recht brauchbare Gesichtspunkte in der Beurteilung des Verlaufes von K_x bzw. K_y ergeben und für den Weiterausbau unserer Theorie von großem Nutzen sein.

Die Berechnung der Verlangsamungsziffer ε.

Nachdem wir durch die vorhergehenden Auswertungen schon eine ganze Reihe von Daten über den zahlenmäßigen Verlauf der Koeffizienten K_x und K_y gewonnen haben, wollen wir noch näher auf die Verlangsamungsziffer ε eingehen. Wir haben bisher immer vorausgesetzt, daß ε konstant sei oder doch wenigstens nur geringfügigen Schwankungen unterworfen wäre. Mancher Leser wird gegen die Einführung eines konstanten Wertes von ε Bedenken empfunden haben. Der Verfasser tat dies auch nur notgedrungen und von der Anschauung ausgehend, daß eine wesentliche Verzerrung in dem so gewonnenen Bilde nicht eintreten würde. Als sich dann bei der Bestimmung des Koeffizienten K zeigte, daß, um eine Übereinstimmung der Rechnung mit den gemessenen Werten zu erzielen, für Schub- und Drehmoment verschiedene, jedoch für eine Schraubenform konstante Werte von K_x und K_y eingeführt werden mußten, lag der Gedanke nahe, daß die Wahl von ε nicht richtig erfolgt sei.

Mathematisch kann man sich ja den Strömungskoeffizienten K, wie früher dargetan, als Vektor vorstellen, der für die Berechnung des Schubes bzw. des Drehmomentes in die Komponenten K_x und K_y zu zerlegen ist. Diese Annahme ist, wie unsere Ermittelungsweise von K_x und K_y zeigte, auch von unmittelbarem praktischen Werte, denn sie gestattet die experimentelle Bestimmung der Strömungsziffer mit großer Genauigkeit. Eine physikalische Deutung des Vektors läßt sich aber nicht leicht geben.

Unsere allgemeinen Ansätze für den Schub bzw. das Drehmoment lauteten:

$$\Delta S = \left\{ K_x (1 - \varepsilon) \right\} \frac{\gamma}{g} \Delta F V_0 \omega x \sin \delta$$

$$\Delta M = \left\{ K_y (1 - (1 - \varepsilon) \cos \delta) \right\} \frac{\gamma}{g} \Delta F V_0 \omega x^2$$

K_x bzw. K_y hatten wir aus den uns zur Verfügung stehenden Versuchswerten S und M unter Zugrundelegung eines konstanten Wertes $\varepsilon = 0{,}01$ ermittelt zu

$$K_x = \frac{S_v}{\Sigma\,(1-\varepsilon)\,\frac{\gamma}{g}\,\Delta\,F\,V_0\,\omega\,x\sin\delta};$$

$$K_y = \frac{M_v}{\Sigma\,(1-(1-\varepsilon)\cos\delta)\,\frac{\gamma}{g}\,\Delta\,F\,V_0\,\omega\,x^2}$$

Der Faktor $K_x\,(1-\varepsilon)$ ist allen Elementarschüben gemeinsam, während der Faktor $K_y\,(1-(1-\varepsilon)\cos\delta)$ nicht ohne weiteres vor die $\Sigma\,\Delta\,M$ gestellt werden kann, da der cos des Winkels δ in demselben vorkommt und δ im allgemeinen mit dem Radius variabel ist.

Wir wollen vorerst einmal annehmen, daß $\cos\delta$ konstant sei und setzen $\cos\delta = m$. Wir haben dann die Beziehungen:

$$K_x\,(1-\varepsilon) = C_S$$

$$K_y\,(1-(1-\varepsilon)\,m) = C_M$$

Die Werte von C_S und C_M können wir für eine gegebene Schraube mit Hilfe der durch den Versuch unter Zugrundelegung eines gewissen Wertes von ε bestimmten Größen von K_x und K_y ohne weiteres berechnen. Betrachten wir die beiden Ansätze für C_S und C_M näher, so sehen wir, daß durch eine andere Wahl von ε der Wert von K_y viel mehr beeinflußt wird als der von K_x. Sind uns durch Versuche die Werte von C_S und C_M bekannt, so können wir stets ein neues ε_0 berechnen, für welches $K_x = K_y = K_0$ wird. Wir haben für die Bedingung, daß $K_x = K_y$ ist,

$$\frac{C_S}{1-\varepsilon_0} = \frac{C_M}{1-(1-\varepsilon_0)\,m}$$

und durch Auflösen nach ε_0

$$\varepsilon_0 = \frac{C_M - C_s\,(1-m)}{C_M + m\,C_s} \quad . \quad . \quad . \quad . \quad . \quad (16)$$

Gehen wir zu einem Zahlenbeispiele über:

Für einen Propeller seien bei Annahme von $\varepsilon = 0{,}01$ die Koeffizienten K_x und K_y auf bekannte Weise ermittelt worden zu

$$K_x = 1{,}44; \qquad K_y = 0{,}96.$$

Der Ablenkungswinkel δ sei konstant und gleich 9^0, also $m = \cos 9^0 = 0{,}988$.

Wir erhalten demnach für unsere Werte C_s und C_M

$$C_s = K_x\,(1-\varepsilon) = 1{,}44 \cdot 0{,}99 = 1{,}4256$$

$$C_M = K_x\,(1-(1-\varepsilon)\,m) = 0{,}96\,(1-0{,}99 \cdot 0{,}988) = 0{,}0210$$

Wählen wir nun zunächst ganz willkürlich $\varepsilon' = 0{,}003$, so erhalten wir, da C_s und C_M konstant bleiben müssen, damit sich die $\Sigma\,\Delta\,S$ bzw. $\Sigma\,\Delta\,M$ nicht ändern

$$K_x' = \frac{1{,}4256}{0{,}997} = 1{,}43; \; K_y' = \frac{0{,}021}{0{,}985} = 1{,}40.$$

Während sich K_x' infolge des neuen ε' nur um 1 % geändert hat, ist K'_y von 0,96 auf 1,40 angewachsen, hat sich also dem K_x schon sehr genähert. Mit Hilfe der Gleichung (16) finden wir

$$\varepsilon_0 = \frac{0{,}0210 - 1{,}4256 \cdot 0{,}012}{0{,}0210 - 0{,}988 \cdot 1{,}4250} = 0{,}0027$$

und $K_0 = 1{,}43$. Mit diesen Zahlenwerten für die Verlangsamungsziffer bzw. den Strömungskoeffizienten wären wir bei der Berechnung der Schübe und Drehmomente genau zu denselben Ergebnissen gekommen wie mit unseren obigen Werten K_x, K_y und ε. Es wurde nun nach dem eben erläuterten Verfahren für die Profile I, I a, II a und V a die Umrechnung von K_x und K_y in K_0 bzw. von ε in ε_0 vorgenommen. Die Ergebnisse der Rechnung sind in den Tabellen Nr. 8, 9, 10 und 11 enthalten.

Tabelle 8.

Profil I a.

δ	K_y	C_m	K_x	C_s	ε_0	K_0
1° 42′	3,28	0,0328	0,091	0,091	0,267	0,123
3° 42′	2,68	0,0349	0,190	0,188	0,1554	0,226
5° 42′	2,08	0,0312	0,275	0,272	0,0987	0,301
7° 42′	2,97	0,0565	0,510	0,505	0,0933	0,557
9° 42′	1,28	0,0307	0,760	0,752	0,0260	0,772
11° 42′	1,24	0,0372	0,975	0,965	0,0174	0,983
13° 4?′	1,24	0,0485	1,118	1,168	0,0129	1,183
15° 42′	1,28	0,0629	1,238	1,225	0,0139	1,242
17° 42′	1,42	0,0809	1,335	1,320	0,0138	1,338
19° 42′	1,48	0,1040	1,390	1,375	0,1495	1,375

Tabelle 9.

Profil II a.

δ	K_y	C_m	K_x	C_s	ε_0	K_0
0° 18′	6,60	0,0660	16,80	16,630	0,0041	16,450
2° 18′	5,30	0,0572	1,28	1,260	0,043	1,182
4° 18′	4,20	0,0553	0,223	0,221	0,198	0,166
6° 18′	3,32	0,0530	0,094	0,093	0,360	0,149
8° 18′	2,95	0,0658	0,324	0,321	0,161	0,382
10° 18′	2,88	0,747	0,425	0,420	0,139	0,488
12° 18′	3,10	0,1022	0,765	0,757	0,101	0,843
14° 18′	3,15	0,1292	0,950	0,940	0,096	1,040
16° 18′	3,32	0,1694	1,120	1,108	0,101	1,234
18° 18′	3,56	0,2175	1,270	1,258	0,110	1,400
20° 18′	3,66	0,2636	1,377	1,361	0,130	1,565
22° 18′	3,85	0,3193	1,450	1,435	0,129	1,650
24° 18′	4,10	0,4050	1,520	1,505	0,153	1,780
26° 18′	4,12	0,4650	1,590	1,573	0,161	1,880

Tabelle 10.

Profil I.

δ	K_y	C_m	K_x	C_s	ε_0	K_0
1° 48′	2,75	0,0302	0,70	0,693	0,041	0,723
3° 48′	2,12	0,0255	0,76	0,753	0,031	0,778
5° 48′	2,01	0,0302	0,98	0,966	0,026	0,993
7° 48′	1,84	0,0368	1,15	1,140	0,023	1,170
9° 48′	1,60	0,0384	1,30	1,288	0,015	1,308
11° 48′	1,88	0,0602	1,46	1,446	0,020	1,475
13° 48′	2,13	0,0831	1,60	1,585	0,023	1,620
15° 48′	2,08	0,1000	1,72	1,704	0,021	1,745
17° 48′	2,36	0,1370	1,79	1,773	0,029	1,815
19° 48′	2,36	0,1600	1,88	1,861	0,027	1,920

Tabelle 11.

Profil V a.

δ	K_y	C_m	K_x	C_s	ε_0	K_0
0° 54′	5,10	0,0560	2,20	2,18	0,025	2,240
2° 54′	4,10	0,0482	1,92	1,90	0,023	1,950
4° 54′	3,47	0,0468	1,54	1,53	0,026	1,570
6° 54′	3,05	0,0534	1,73	1,70	0,024	1,750
8° 54′	2,53	0,0556	1,90	1,88	0,017	1,900
10° 54′	2,72	0,0775	2,20	2,18	0,017	2,220
12° 54′	2,78	0,1015	2,30	2,28	0,019	2,320
14° 54′	2,64	0,1160	2,52	2,49	0,013	2,525
16° 54′	2,54	0,1370	2,71	2,680	0,008	2,700
18° 54′	2,51	0,1608	2,80	2,77	0,004	2,785
20° 54′	2,70	0,2065	2,90	2,87	0,006	2,890

Der Verlauf von K_0 und ε_0 ist in den beiden Diagrammen Fig. 30 und 31 graphisch dargestellt. Wie aus den ermittelten Werten ersichtlich, ist der Unterschied zwischen K_0 und K_x nur sehr gering. Aus den Diagrammen ersieht man, daß der Verlauf von K_0 zwischen 6° bis 14° annähernd linear und proportional dem Ablenkungswinkel ist. Auffällig erscheint, daß die einzelnen K_0-Kurven in diesem Bereiche annähernd parallelen Verlauf haben. Bei den Profilen I und V a ist ε_0 annähernd konstant. Da die Zahl der vorliegenden Auswertungen viel zu gering ist, um ein klares Bild über den Verlauf von ε_0 zu geben, sollen aus Diagramm Fig. 31 keine weiteren Schlüsse gezogen werden.

Für die Berechnung der Hubschrauben erscheint es nach den bisherigen Erfahrungen überhaupt praktischer, ein konstantes ε einzuführen und hierfür mit den veränderlichen Koeffizienten K_x und K_y zu rechnen, da besonders der Verlaut von K_x/K_y qualitativ am sichersten bekannt ist.

Den Einfluß der Flügelbreite δ auf die Größe des Schubes bzw. Drehmomentes haben wir in den bisherigen Betrachtungen nur kurz gestreift. Derselbe macht sich bemerkbar in den absoluten Größen der Koeffizienten

K und ε. Es läge nun nahe, z. B. ε [1]) als Funktion der Flügelbreite einzuführen. — Bevor aber nicht ausreichendes Versuchsmaterial über

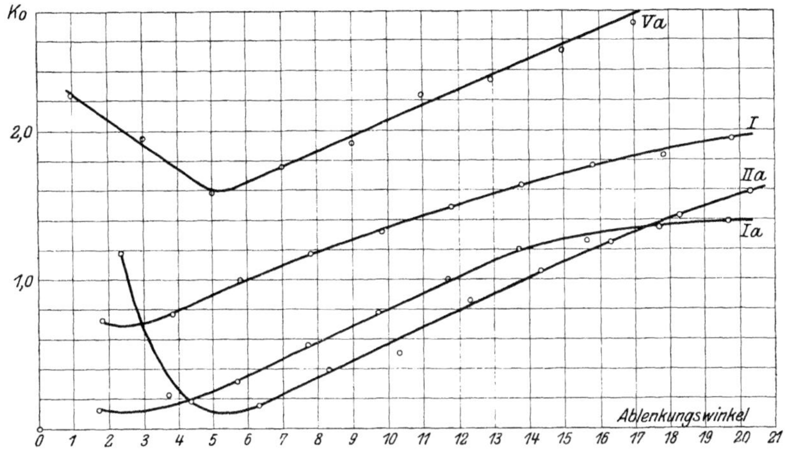

Fig. 30.

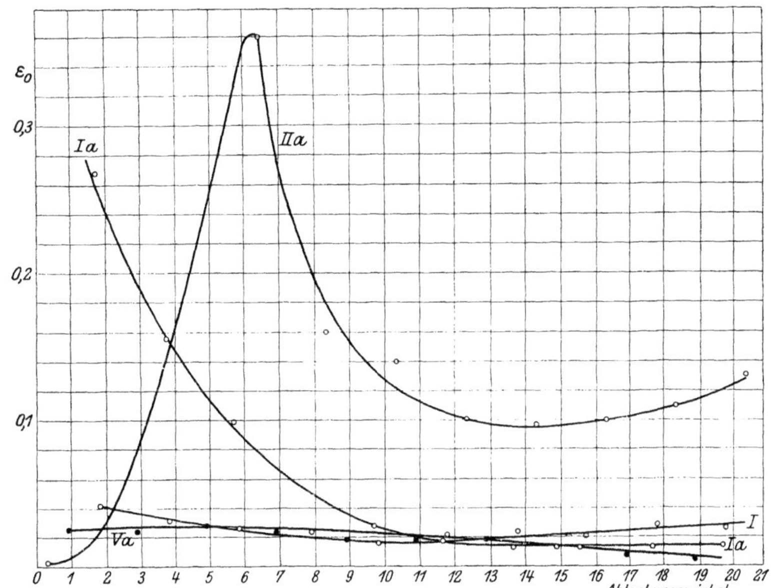

Fig. 31.

Schrauben mit verschiedener Flügelbreite vorhanden ist, hat eine derartige

[1]) Selbstverständlich wird ε auch von der Beschaffenheit der Oberfläche abhängig sein, wie dies schon in der Einleitung erwähnt.

rein mathematische Untersuchung wenig Wert. Man könnte ja später auch K als Funktion des Ablenkungswinkels einführen, es ist aber sehr fraglich, ob hierdurch ein Vorteil erreicht werden kann, da die Formeln wahrscheinlich eine unübersichtliche Gestalt annehmen würden. Es müßte denn gerade sein, daß sich sehr einfache Beziehungen zwischen K ε und δ ergeben würden, was nach den bisherigen Ergebnissen nicht der Fall zu sein scheint. Für den Entwurf von Hubschrauben dürfte es vollkommen genügend sein, für die auf Grund der Erfahrung als günstig befundenen Profile die K_x- und K_y-Kurven ein für allemal zu bestimmen und dann die zur Berechnung nötigen Werte hieraus zu entnehmen.

B. Hubschrauben mit radial veränderlichem Ablenkungswinkel.

Da unsere Betrachtungen ergaben, daß der konstante Ablenkungswinkel für die Hubschraube die günstigsten Verhältnisse gewährleistet, hat es weiter kein Interesse, Schrauben mit veränderlichem Ablenkungs winkel zu untersuchen. Der Verfasser hat früher Formeln für Schrauben mit radial veränderlichem Ablenkungswinkel aufgestellt, von der Anschauung ausgehend, daß K_x/K_y nicht wesentlich durch den Ablenkungswinkel beeinflußt wird. Diese Formeln ergaben, da sie auf unrichtigen Voraussetzungen beruhten, naturgemäß ein ganz falsches Bild. Hierdurch wurde der Verfasser darauf aufmerksam, daß K_x bzw. K_y vom Ablenkungswinkel abhängig sein müsse. Durch die Auswertung des zur Verfügung stehenden Versuchsmaterials wurde diese Ansicht dann voll bestätigt. Solange K_x, K_y und ε nicht als Funktion von δ eingeführt werden können, ist eine rechnerische Behandlung von Profilen mit veränderlichem Ablenkungswinkel nicht möglich, da man, wie unsere bisherigen Betrachtungen einwandfrei ergaben, zu ganz falschen Resultaten gelangen würde.

Bei dieser Gelegenheit sei darauf hingewiesen, daß es bei unserem Ansatze auch nicht zulässig erscheint, für kleine Winkel annäherungsweise den cos durch die Einheit zu ersetzen, es liegt dies im Aufbau der Funktion

$$Y_M = 1 - (1-\varepsilon) \cos \delta$$

begründet.

C. Hubschrauben mit veränderlicher Flügelbreite.

Die Koeffizienten K und ε sind zwar auch eine Funktion der Flügelbreite. Es soll aber im folgenden doch die Ableitung von Formeln für veränderliche Flügelbreiten gegeben werden, um zu veranschaulichen, auf welche Weise man zu solchen Formeln gelangen kann. Einwandfreie Ergebnisse könnte man jedoch nur erhalten, falls man auch K bzw. ε als Funktion von β einführen würde.

Für radial linear abnehmende Flügelbreiten gilt mit Beziehung auf die Fig. 32:

$$\beta = 2\,b\left(1 - \frac{x}{a}\right)$$

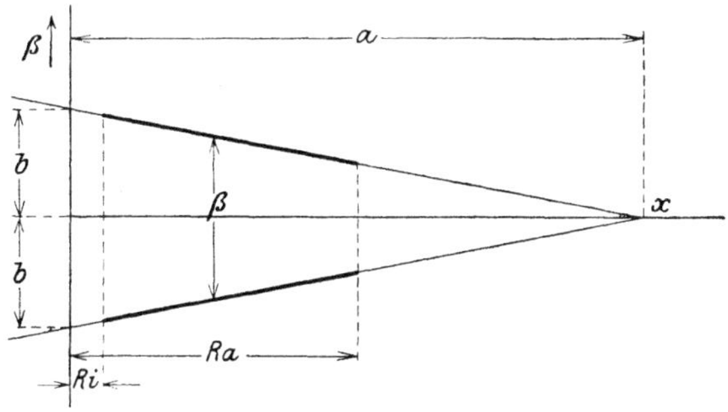

Fig. 32.

Durch Einführung dieses Wertes in die Gleichungen (3), (4) und (5) erhält man unter der Voraussetzung eines konstanten Ablenkungswinkels:

$$dS = 2\,\frac{\gamma}{g}\,K_x\,b\left(1 - \frac{x}{a}\right)\omega^2\,x^2\,dx\,(1 - \varepsilon)\,\sin\delta$$

$$dP = 2\,\frac{\gamma}{g}\,K_y\,b\left(1 - \frac{x}{a}\right)\omega^2\,x^2\,dx\,(1 - (1 - \varepsilon)\cos\delta)$$

$$dM = 2\,\frac{\gamma}{g}\,K_y\,b\left(1 - \frac{x}{a}\right)\omega^2\,x^3\,dx\,(1 - (1 - \varepsilon)\cos\delta)$$

Durch Ausführung der Integration und Einsetzen der Grenzen erhält man

$$S = K_x\,2\,\frac{\gamma}{g}\,b\,(1 - \varepsilon)\sin\delta\;\omega^2\left[\frac{R_a^3 - R_i^3}{3} - \frac{1}{a}\,\frac{R_a^4 - R_i^4}{4}\right]. \quad (17)$$

$$P = K_y\,2\,\frac{\gamma}{g}\,b\,(1 - (1 - \varepsilon)\cos\delta)\;\omega^2\left[\frac{R_a^3 - R_i^3}{3} - \frac{1}{a}\,\frac{R_a^4 - R_i^4}{4}\right] \quad (18)$$

$$M = K_y\,2\,\frac{\gamma}{g}\,b\,(1 - (1 - \varepsilon)\cos\delta)\;\omega^2\left[\frac{R_a^4 - R_i^4}{4} - \frac{1}{a}\,\frac{R_a^5 - R_i^5}{5}\right] \quad (19)$$

für a gleich unendlich erhält man natürlich wieder die Gleichungen (9), (10) und (11).

Ist $\operatorname{tg}\alpha = m$ und der Ablenkungswinkel δ wieder konstant, so gilt für radial zunehmende Flügelbreite die Beziehung (Fig. 33):

$$\beta = 2\,m\,x + 2\,b$$

Durch Einsetzen dieses Wertes in unsere Gleichungen und Ausführung der Integration erhält man:

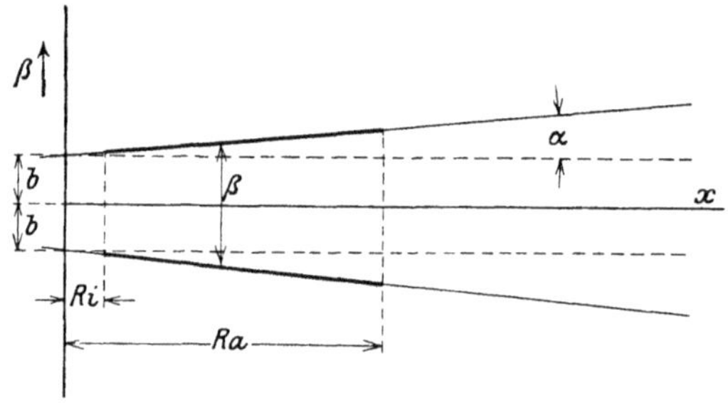

Fig. 33.

$$S' = K_x\, 2\,\frac{\gamma}{g}\,\omega^2\,(1-\varepsilon)\sin\delta\left[b\,\frac{R_a{}^3 - R_i{}^3}{3} + m\,\frac{R_a{}^4 - R_i{}^4}{4}\right] \quad (17')$$

$$P' = K_y\, 2\,\frac{\gamma}{g}\,\omega^2\,(1-(1-\varepsilon)\cos\delta)\left[b\,\frac{R_a{}^3 - R_i{}^3}{3} + m\,\frac{R_a{}^4 - R_i{}^4}{4}\right] \quad (18')$$

$$M' = K_y\, 2\,\frac{\gamma}{g}\,\omega^2\,(1-(1-\varepsilon)\cos\delta)\left[b\,\frac{R_a{}^4 - R_i{}^4}{4} + m\,\frac{R_a{}^5 - R_i{}^5}{5}\right] \quad (19')$$

Für $R_i = 0$ erhält man für ϑ:

$$\vartheta = \frac{K_x}{K_y}\cdot\frac{(1-\varepsilon)\sin\delta}{1-(1-\varepsilon)\cos\delta}\cdot\frac{1}{R_a}\cdot\frac{\frac{1}{3}-\frac{R_a}{4a}}{\frac{1}{4}-\frac{R_a}{5a}} \quad . \quad (20)$$

$$\vartheta' = \frac{K_x}{K_y}\cdot\frac{(1-\varepsilon)\sin\delta}{1-(1-\varepsilon)\cos\delta}\cdot\frac{1}{R_a}\cdot\frac{\frac{b}{3}+\frac{m\,R_a}{4}}{\frac{b}{4}+\frac{m\,R_a}{5}} \quad (20')$$

Vergleich des tatsächlichen Strömungsvorganges mit der aus der Theorie sich ergebenden Strömung.

Einfluß der Flügelzahl auf das sekundlich beförderte Luftquantum.

Im April dieses Jahres wurden von der Versuchsabteilung des L. Z. an einem vierflügligen Propeller Standmessungen vorgenommen, welche es dem Verfasser ermöglichen, einen direkten Vergleich zwischen den tatsächlichen Strömungsvorgängen und der sich aus der vorstehend entwickelten Theorie ergebenden Strömung zu ziehen.

Die Flügel der untersuchten vierflügeligen Schraube hatten genau dieselbe Form wie diejenige des auf S. 25 u. ff. behandelten Propellers. Man ist deshalb nun auch imstande, einigen Aufschluß über den Einfluß der Flügelzahl zu erhalten. — Mit Hilfe der Propellerprüfeinrichtung

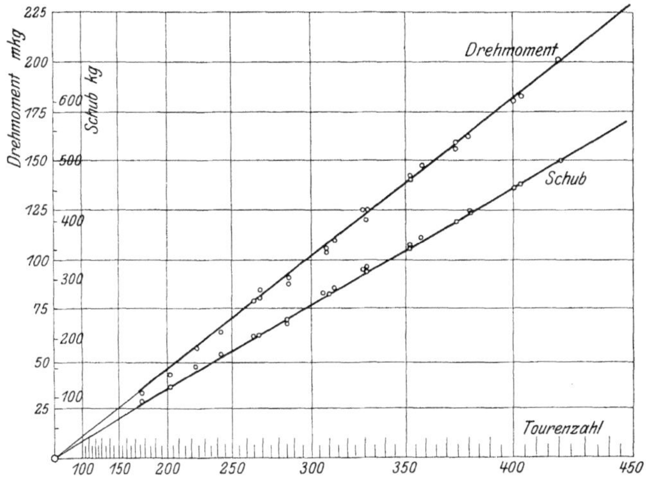

Fig. 34.

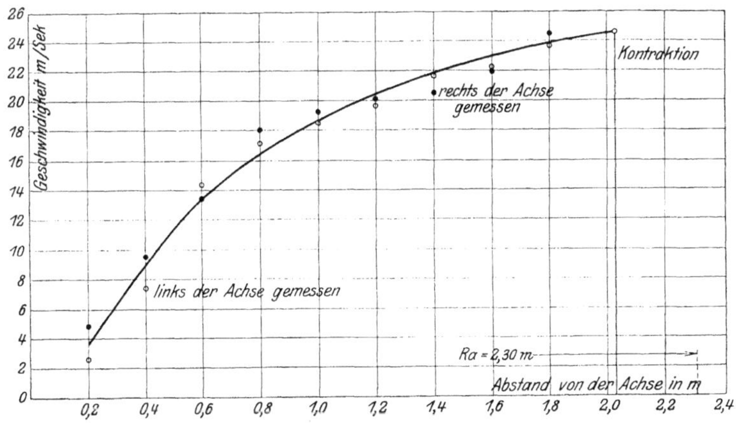

Fig. 35.

des L. Z. wurde der Verlauf von Schub- und Drehmoment, wie in Fig. 34 veranschaulicht, ermittelt. Um einen linearen Verlauf von S und M zu erhalten, wurden auf der Abszissenachse die Quadrate der Turenzahlen aufgetragen.

Für eine Drehzahl von 420 U/min wurde mit Hilfe von Pitotröhren die Strömungsgeschwindigkeit der Luft auf der Saug- und Druckseite der Schraube gemessen. Die Messungen wurden über einen Durchmesser in radialen Abständen von 20 cm ausgeführt. Der Abstand der Meßebene von Mitte Propeller betrug je 0,50 m. Die auf diese Weise gemessenen Geschwindigkeiten des Abstromes sind in der Fig. 35 graphisch dargestellt. Es wurden hierbei mit Rücksicht auf den zur Verfügung stehenden Platz die rechts und links der Achse liegenden Werte übereinander gezeichnet. Wie aus dem Diagramme ersichtlich, findet im Abstande 2,03 m von der Achse ein plötzlicher Abfall der Geschwindigkeit statt. Die Stelle, an welcher dieser Sprung stattfindet, ändert sich mit dem Abstande der Meßebene von Mitte Propeller. Im Abstand 1 m von Propellermitte konnten wir schon eine befriedigende Übereinstimmung der tatsächlichen Kontraktion [1]) mit der theoretisch geforderten feststellen.

Für das sekundlich durch den Schraubenkreis strömende Luftvolumen gilt die Beziehung

$$Q = 2\pi \cdot 0{,}20\ \Sigma R \cdot v$$

Unter Benutzung der aus dem Diagramm sich ergebenden mittleren Geschwindigkeiten erhält man für die Druckseite

$$Q = 2\pi\, 0{,}20 \cdot 206{,}2 \sim 257\ m^3/sec$$

Da es nicht möglich war, den ganzen Zustrom zu messen, kann auf die Verhältnisse auf der Saugseite leider nicht näher eingegangen werden. Es genügt übrigens für unsere Zwecke, daß wir ziemlich genau die tatsächlich von der Schraube beförderte Luftmenge kennen.

Wir wollen diese Luftmenge auch theoretisch bestimmen. Für das sekundlich von einem Flügel geförderte Luftvolumen gilt die Beziehung

$$dQ = K\,\beta\, dR \cdot \omega R$$

Für das gesamte Luftvolumen einer Schraube mit Z-Flügeln erhält man durch Ausführung der Integration

$$Q = Z\,K\,\omega\,\beta \int_{R=R_i}^{R=R_a} R\,dR = Z\,K\,\omega\,\beta\,\frac{1}{2}\,(R_a^2 - R_i^2) \quad . \quad (21)$$

Für $R_i = 0$ erhält man:

$$Q = Z \cdot K\,(\beta\,R_a)\,\frac{\omega\,R_a}{2} \quad . \quad . \quad . \quad . \quad . \quad . \quad (21')$$

Das sekundlich geförderte Luftvolumen ist also direkt proportional der Winkelgeschwindigkeit. Der Koeffizient K wird gefunden zu

$$K = \sqrt{K_x^2 + K_y^2}$$

---

[1]) Prof. Finsterwalder hat bekanntlich gefunden, daß der Propellerstrahl sich hinter der Schraube auf den halben Querschnitt des Schraubenkreises zusammen. zieht. Daß eine Kontraktion stattfinden muß, hat Prof. Rateau schon im Jahre 1900 dargetan.

Für die vorliegende Schraube können wir K_x und K_y, da ja die Flügel genau dieselben Abmessungen haben, wie bei der früher behandelten zweiflügeligen Schraube mit Hilfe der Tabellen 3 und 5 ermitteln. Man erhält

$$K_x \sim 1{,}0; \quad K_y \sim 0{,}68; \quad K \sim 1{,}23.$$

Für das geförderte Luftvolumen erhält man, falls man eine mittlere Breite von 0,44 m einführt

$$Q = 1{,}23 \cdot 0{,}44 \cdot 43{,}8 \frac{2{,}3^2}{2} \cdot 4 = 252 \text{ m}^3/\text{sec}.$$

Gemessen wurden 257 cbm/sec. Man hat also eine sehr gute Übereinstimmung der Theorie mit den tatsächlichen Werten. Der Schub ist gleich dem Rückstoß der sekundlich beschleunigten Luftmasse; $S = m V_m$. V_m berechnet sich als Mittelwert zu

$$V_m = \frac{Q}{R_a^2 \pi} = \frac{252}{2{,}3^2 \pi} = 15{,}2 \text{ m/sec}.$$

Die Temperatur während des Versuches betrug 6°. b = 728, also $\gamma/g = 1/7{,}6$. Hiermit erhält man für den Schub

$$S = \frac{1}{7{,}6} 252 \cdot 15{,}2 = 503 \text{ kg}.$$

Ein Blick auf die Schubkraftkurve zeigt uns die gute Übereinstimmung der Rechnung mit der Messung.

Im folgenden soll noch kurz auf den Einfluß der Flügelzahl eingegangen werden.

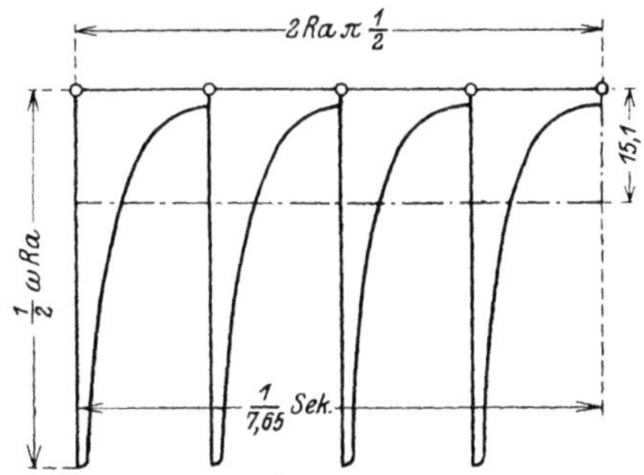

Fig. 36.

Wir hatten bei 420 U/min ein gemessenes sekundliches Luftvolumen von 257 cbm/sec. Wäre die Anströmung über den Querschnitt $R_a^2 \pi$ gleichmäßig verteilt, so erhielte man für die Ansaugungsgeschwindigkeit der Luft $\frac{257}{2{,}3^2 \pi} \sim 15{,}1$ m/sec. Der Geschwindigkeitsverlauf an einer im Raume festgedachten Stelle des von den Flügeln bestrichenen Kreises, mit dem Abstande $R_a/2$ von der Achse hätte dann während einer Umdrehung den in Fig. 36 dargestellten Charakter (strichpunktierte Linie).

Wir hatten für die theoretisch geförderte Luftmenge

$$Q = Z \cdot K \cdot \beta R_a \omega \frac{R_a}{2}$$

Infolge der Kontinuitätsbedingung muß die Luft dicht hinter den bewegten Flügeln mit einer der betreffenden Umfangsgeschwindigkeit entsprechenden Geschwindigkeit nachströmen. Auf $R_a/2$ reduziert also mit $\omega R_a/2$. Es müßte also an der im Raum festgedachten Stelle eine Geschwindigkeitsverteilung im Sinne der stark umränderten Fläche stattfinden. Man sieht, daß es auch bei vier Flügeln noch sehr wohl möglich ist, daß bis ein Flügel in die Stellung des vorhergehenden gekommen ist, sich dort, wenn nicht die Geschwindigkeit 0, so doch eine gegen die Umfangsgeschwindigkeit vernachlässigbare Geschwindigkeit eingestellt hat. Der durch die Fig. 36 dargestellte Vorgang ist, solange die Kontinuitätsbedingung gilt, unabhängig von der Turenzahl; denn die geförderte Luftmenge wächst, wie wir sahen, proportional mit ω, die Nachströmung in nächster Nähe des Flügels ist aber ebenfalls proportional ω. Es tritt also bei einem Wechsel in der Drehzahl keinerlei Veränderung im qualitativen Verlaufe des Vorganges ein.

In Wirklichkeit ist natürlich die Geschwindigkeit radial verschieden. Mit Hilfe des Diagrammes Fig. 35a könnte man für die einzelnen Ringflächen den Verlauf der Geschwindigkeit in dem angedeuteten Sinne ermitteln.

Wir hatten früher für die Axialkomponente der Strömung

$$V_x = \omega x (1 - \varepsilon) \sin \delta$$

Unter der Annahme unendlicher Flügelzahl, also über den Querschnitt konstanten V_x erhalten wir das im günstigsten Falle von einem bestimmten Propeller förderbare Luftvolumen zu

$$Q_i = 2\pi\omega \int_{x=R}^{x=R_a} (1 - \varepsilon) \sin \delta \, x^2 \, dx$$

Falls $(1 - \varepsilon) \sin \delta$ konstant ist, erhält man

$$Q_i = 2\pi\omega (1 - \varepsilon) \sin \delta \frac{1}{3} (R_a^3 - R_i^3) \quad . \quad . \quad . \quad (22)$$

Für den im vorhergehenden untersuchten Schraubenflügel ist δ mit dem Radius veränderlich. Man erhält mit Hilfe der in der Tabelle auf Seite 26 angegebenen Ablenkungswinkel aus der Beziehung $Q_i = 2\pi\omega \cdot 0{,}20 \; \Sigma \, x \, v_x$ für $n = 420$

$$Q_i = 320 = \omega \cdot 7{,}3 \text{ m}^3/\text{sec}$$

Das tatsächlich geförderte Luftvolumen bezeichnen wir im folgenden mit Q_e. Wir hatten hierfür

$$Q_e = K \cdot Z \cdot 0{,}44 \, \omega \frac{R_a^2}{2} = K \cdot Z \cdot \omega \cdot 1{,}16$$

Das Verhältnis des bei einer bestimmten Drehzahl im günstigsten Falle von einem gegebenen Propeller zu bewältigenden Luftvolumen zu dem tatsächlich geförderten wollen wir mit φ bezeichnen. Wir erhalten für die vorliegende Flügelform

$$\varphi = \frac{Q_e}{Q_i} = K Z \, 0{,}159.$$

Für Z = 0 muß $\varphi = 0$ sein. Für Z = ∞ wird $\varphi = 1$.

Für Z = 2 ist $K = \sqrt{1{,}44^2 + 0{,}96^2} \sim 1{,}73$

also $\varphi = 1{,}73 \cdot 2 \cdot 0{,}159 = 0{,}55$.

Für Z = 4 ist K = 1,23, $\varphi = 1{,}23 \cdot 4 \cdot 0{,}159 = 0{,}78$.

Mit diesen Werten erhält man für φ den durch die untenstehende Figur veranschaulichten Verlauf [1]).

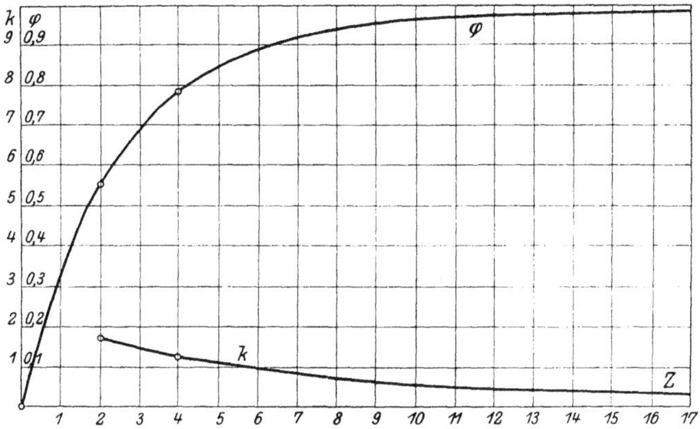

Fig. 37.

Mit Hilfe der φ-Kurve können wir auch die Werte von K für beliebige Flügelzahlen ermitteln. Es ist

$$K = \frac{\varphi}{Z \cdot 0{,}159}.$$

Man erhält aus dieser Beziehung den oben angedeuteten Verlauf von K als Funktion der Flügelzahl.

Weitere Betrachtungen über den Einfluß der Flügelzahl.

Der Einfluß verschiedener Flügelzahlen auf die Wirkungsweise von Schrauben kann nur erfaßt werden, wenn man einen periodischen Verlauf der Strömung voraussetzt, z. B. in dem Sinne, wie wir es früher dargetan. Auf Grund einer achsensymmetrischen Strömung läßt sich kein Einblick in dieses Problem gewinnen.

Es soll im folgenden gezeigt werden, wie man an Hand des von uns angeführten Strömungsdiagrammes auf einfache Weise Aufschluß über

[1]) Einen ganz ähnlichen Verlauf findet Dr. ing. A. Proell für das Verhältnis der berechneten zur beobachteten Drehzahl als Funktion der Flügelzahl. Vergleichsversuche mit Schiffsschrauben, Z. d. V. D. J. 1910, Seite 1190.

die Wirkungsweise von Schrauben mit verschiedenen Flügelzahlen erlangen kann.

Wir nehmen zunächst an, daß für eine bestimmte Flügelform der Ausgleich der Drücke bzw. Geschwindigkeiten an einer im Raume festgedachten Stelle des Schraubenkreises nach einem unabhängig von der Flügelzahl geltenden Gesetze, z. B. von der Form

$$V = \frac{c}{x^2}$$

stattfinde. An Hand von Versuchsmaterial werden wir später ermitteln, inwieweit diese Annahme berechtigt ist.

Um c als dimensionslose Größe zu erhalten, schreiben wir

$$V = \omega R_a^3 \frac{\mathfrak{z}}{x^2}$$

Im Grenzfalle, $Z = \infty$, erhält man theoretisch eine über den ganzen Schraubenkreis konstante und parallel zur Achse gerichtete Strömungsgeschwindigkeit. Der ausgeübte Schub ist dann, falls man die der Luft erteilte Geschwindigkeit mit V_m bezeichnet:

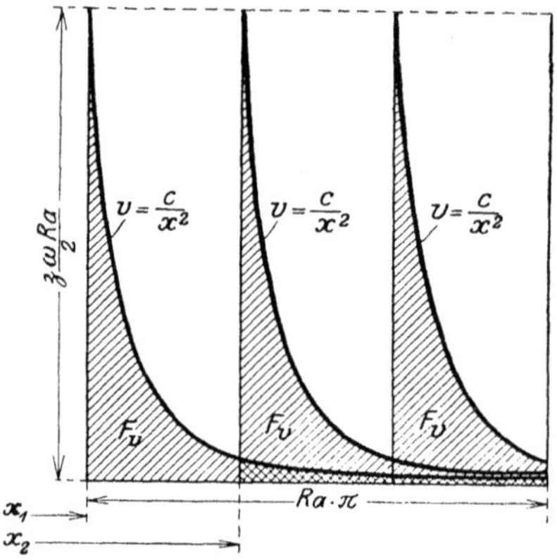

Fig. 38.

$$S' = \frac{\gamma}{g} (R_a^2 \pi) \cdot V_m^2$$

Der Verlauf der Geschwindigkeit an einer im Abstande $R_a/2$ im Schraubenkreis fest gedachten Stelle wäre dann durch die in der nebenstehenden Figur gestrichelte Linie gekennzeichnet. Für eine bestimmte Flügelform gibt es einen maximalen Wert von V_m, dem man sich mit wachsender Flügelzahl asymptotisch nähert. Wir können schreiben:

$$V_{m_{max}} = \frac{\omega R_a}{2} \cdot \mathfrak{z}$$

wobei, solange eine gegenseitige Beeinflussung der Flügel nicht vorhanden ist, $\mathfrak{z}$ ein von der Form, nicht aber der Zahl der Flügel abhängiger Koffizient ist.

Für endliche Flügelzahlen erhält man die mittlere Geschwindigkeit, wie aus der Figur zu ersehen ist, zu:

$$V_m = \frac{Z \cdot F_v}{R_a \pi}$$

In dem durch die Zeichnung veranschaulichten Falle ist $Z = 3$. Der Einfluß der Flügelzahl kommt im Diagramm dadurch zum Ausdrucke, daß sich die, die V_m darstellenden Flächen teilweise gegenseitig überdecken.

Um F_v berechnen zu können, müssen wir die Abszissen x_1 und x_2, deren Ordinaten die Flächen F_v begrenzen, ermitteln. Die einzelnen Teilflächen sind unter sich inhaltsgleich; für den Beginn einer Periode ist:

$$V = \mathfrak{z} \frac{\omega R_a}{2}$$

Man erhält also für x_1:

$$\mathfrak{z}\,\omega \frac{R_a}{2} = \mathfrak{z}\,\omega \frac{R_a^3}{x_1^2}$$

$$x^1 = R_a \sqrt{2}$$

Für x_2 erhält man, wie aus der Figur ersichtlich:

$$x_2 = x_1 + \frac{R_a \pi}{Z} = R_a \left(\sqrt{2} + \frac{\pi}{Z}\right)$$

Der Inhalt einer Fläche, welche den Anteil eines Flügels an der mittleren Geschwindigkeit zum Ausdrucke bringt, ergibt sich dann zu:

$$F_v = \omega R_a^3 \mathfrak{z} \int_{x = x_2}^{x = x_1} \frac{dx}{x^2} = \frac{\omega R_a^2 \mathfrak{z} \pi}{Z} \cdot \frac{1}{2 + \frac{\sqrt{2}\pi}{Z}}$$

und man erhält für V_m:

$$V_m = \frac{Z \cdot F_v}{R_a \pi} = \frac{\mathfrak{z}\,\omega R_a}{2 + \frac{\sqrt{2}\pi}{Z}} \quad . \quad . \quad . \quad . \quad . \quad (23)$$

Für den Schub erhält man dann:

$$S = \frac{\gamma}{g} \pi R_a^4 \omega^2 \left(\frac{\mathfrak{z}}{2 + \frac{\sqrt{2}\pi}{Z}} \right)^2 \quad . \quad . \quad . \quad . \quad . \quad (24)$$

Für $Z = \infty$ liefert Gleichung (24) wieder

$$S = \frac{\gamma}{g} \pi R_a^4 \omega^2 \left(\frac{\mathfrak{z}}{2}\right)^2 = S'.$$

Durch Auflösen von Gleichung (24) nach $\mathfrak{z}$ erhält man:

$$\mathfrak{z} = \frac{1}{R_a^2 \omega} \cdot \left(2 + \frac{\sqrt{2}\pi}{Z}\right) \sqrt{\frac{g}{\gamma} \cdot \frac{S}{\pi}} \quad . \quad . \quad . \quad . \quad . \quad (25)$$

Solange das quadratische Gesetz gilt, kann man für eine bestimmte Schraube bekanntlich stets schreiben:

$$S = \text{Konst.}\ \omega^2$$

Setzt man dies in Gleichung (25) ein, so erhält man:

$$\mathfrak{z} = \frac{2 + \frac{\sqrt{2}\pi}{Z}}{R_a^2} \cdot \sqrt{\frac{g}{\gamma \cdot \pi}} \cdot \sqrt{\text{Konst.}}$$

Es sei hier daran erinnert, daß die Konstante ein von der Form und Zahl der Flügel, Durchmesser, Steigung, Oberflächenbeschaffenheit abhängiger Koeffizient ist. Wir sehen aus der obigen Gleichung, daß $\mathfrak{z}$ jedenfalls für verschiedene Schrauben verschiedene Werte annehmen wird, aber unabhängig von der Winkelgeschwindigkeit ist.

Ist uns der Verlauf von S für eine gegebene Flügelform für verschiedene Flügelzahlen bekannt, so können wir mit Hilfe der Gleichung (25) die Koeffizienten $\mathfrak{z}$ ermitteln.

Falls unsere Annahme, daß unabhängig von der Flügelzahl der Geschwindigkeitsverlauf einem durch die Gestalt des Flügels modifizierten Gesetze folgt, richtig ist, muß sich z für beliebige Flügelzahlen konstant ergeben.

Ermittlung von $\mathfrak{z}$ aus Versuchen.

Im Bulletin de l'Institut Aérodynamique de Coutchino 1910, fascicule II, berichtet Professor Riabouchinsky über Versuche mit einer Schraube, bei welchen Z von 1 bis 11 variiert wurde. Die Abhandlung bringt die gemessenen Werte der Schübe, abhängig von der sekundlichen Drehzahl N in Tabellenform. Da es von Interesse ist zu sehen, ob die Flügelzahl nicht eine Störung des quadratischen Gesetzes hervorbringen kann bei zu großem Z, wurden die von Riabouchinsky gemessenen Werte von S als Ordinaten zu den Quadraten der sek. Drehzahlen als Abzsissen aufgetragen. (Fig. 39.) Wie aus dem Diagramm ersichtlich ist, beginnt mit Z = 9 eine merkliche Abweichung vom quadratischen Gesetze einzutreten. Die untersuchte Schraube hat einen Durchmesser von 2 m und sektorförmige, gewölbte Flügel. Um die Deutlichkeit der Figur nicht zu beeinträchtigen, sind die Kurven für Z = 7, Z = 10 und Z = 11 fortgelassen. Wir wollen nun mit Hilfe von Diagramm Fig. 39 den Koeffizienten $\mathfrak{z}$ für Flügelzahlen von 1 bis 8 ermitteln.

Für höhere Flügelzahlen ist, da, wie wir aus dem Diagramm ersehen, das quadratische Gesetz nicht mehr gilt, in keinem Fall ein gesetzmäßiger Verlauf für $\mathfrak{z}$ zu erwarten. Flügelzahlen von über 9 haben auch praktisch wenig Interesse. Die Meßwerte von Riabouchinsky sind auf 0^0 und 760 mm Hg reduziert, es ist deshalb für γ 1,293 in Rechnung zu setzen. Mit Hilfe der Gleichung (25) erhielt man für $\mathfrak{z}$ den in Fig. 40 eingetragenen Verlauf.

Wie aus dem Diagramme zu ersehen, ist unsere Voraussetzung für die untersuchte Schraube nicht ganz zutreffend. $\mathfrak{z}$ ist nicht unabhängig von Z, sondern nimmt, wenn man von dem Werte für Z = 1 absieht, proportional mit wachsendem Z, allerdings sehr langsam, ab. Das Schaubild zeigt aber deutlich, daß es für praktische Zwecke mit großer Annäherung zulässig ist, $\mathfrak{z}$ als konstant anzunehmen (strichpunktierte Linie).

Auffallend ist der hohe Wert von $\mathfrak{z}$ bei Z = 1. Vielleicht ist dieser Wert auf den Einfluß der Nabe zurückzuführen, da sich bei den geringen absoluten Größen der gemessenen Schübe (bei Z = 1 ist S bei 210 U/min = 3,3 kg) bei einem Flügel schon recht bemerkbar machen kann. Außerdem

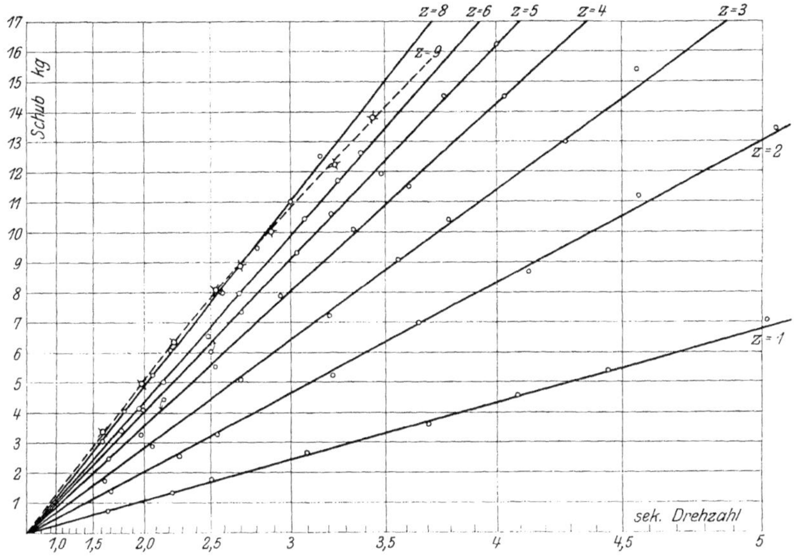

Fig. 39.

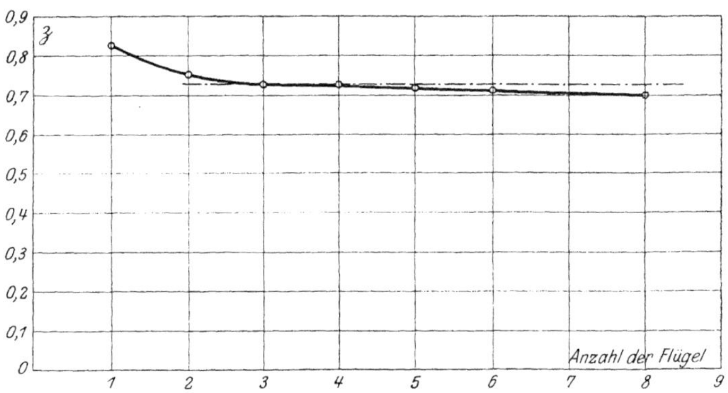

Fig. 40.

wird es auch gewisse Schwierigkeiten mit sich gebracht haben, den einen Flügel auszubalancieren.

Nachdem die vorhergehenden Untersuchungen uns in den Stand gesetzt haben, V_m unter Berücksichtigung von Z mit hinreichender Genauigkeit zu ermitteln, sind wir auch in der Lage, den Einfluß der Flügelzahl auf die Kraftausnutzung zu studieren. Für den Schub hatten wir:

$$S = \left(\frac{\gamma}{g} R_a^2 \pi V_m\right) V_m$$

Für das Drehmoment gilt:

$$M = \left(\frac{\gamma}{g} R_a^2 \pi V_m\right) \frac{V_m^2}{2} \cdot \frac{1}{\omega}$$

Für die Kraftausnutzung erhalten wir also:

$$\vartheta = \frac{S}{M} = \frac{2}{R_a \cdot \mathfrak{z}} \left(2 + \frac{\sqrt{2} \cdot \pi}{Z}\right) \tag{26}$$

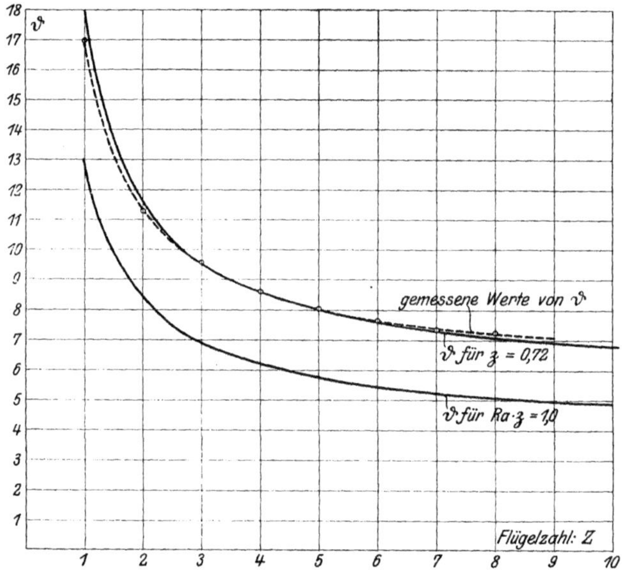

Fig. 41.

Die Kraftausnutzung nimmt also mit wachsender Flügelzahl ab. Der Gütegrad, d. h. das Verhältnis des tasächlich erreichten Schubes zum theoretisch im günstigsten Falle erreichbaren, nähert sich hingegen mit wachsender Flügelzahl asymptotisch dem Werte Eins.

Aus Fig. 41 ist der Verlauf von ϑ für $R_a \cdot \mathfrak{z} = 1$ ersichtlich. Außerdem ist noch der Verlauf von ϑ für die im vorhergehenden untersuchte Schraube für den Mittelwert $\mathfrak{z} = 0{,}72$ und zum Vergleiche für die genauen Werte von $\mathfrak{z}$ (gestrichelte Kurve) eingetragen.

Um Mißverständnissen vorzubeugen, sei an dieser Stelle noch kurz darauf hingewiesen, daß das von uns eingeführte Strömungsdiagramm wohl zur Ermittlung des Mittelwertes der Geschwindigkeit des Zustromes, nicht aber zur Berechnung der Geschwindigkeit während irgendeines Zeitpunktes einer Periode benutzt werden kann. Die Gründe dafür sind darin zu suchen, daß die Anströmung nicht nur auf der Saugseite der Schraube, sondern auch auf der Peripherie und zum Teile sogar auf der Druckseite erfolgt.

Wollte man aus der Beziehung $V = \frac{\omega R^3 \mathfrak{z}}{x^2}$ z. B. die Geschwindigkeit am Ende einer Periode berechnen, $x = R_a(\sqrt{2} + \pi/Z)$, so würde man einen viel zu hohen Wert erhalten; eben weil für die Anströmung ein bedeutend größerer Querschnitt in Betracht kommt als der von uns eingeführte Inhalt des Schraubenkreises.

Auch die Flügelbreite spielt eine Rolle bei der Anströmung, auf welche noch ganz kurz eingegangen werden soll. Es tritt nämlich infolge der endlichen Breite der Flügel der Geschwindigkeitsabfall nicht sofort ein, wie wir der Einfachheit halber im vorhergehenden angenommen haben; es wird sich vielmehr auf einem der Breite β des Flügels entsprechenden Teile von $R_a \cdot \pi$ die Zuströmungsgeschwindigkeit konstant erhalten. Wir tragen diesem Zustande dadurch Rechnung, daß wir für den Inhalt der Fläche F_v den Ansatz gebrauchen:

$$F_v = \beta \cdot \frac{\omega \cdot R_a \mathfrak{z}}{2} + \omega R_a^3 \mathfrak{z} \int\limits_{x=x'}^{x=x'_1} \frac{dx}{x^2}$$

wobei die Grenzen x_1' bzw. x_2' nunmehr folgende Größen haben:

$$x_1' = x_1 = R_a \sqrt{2}$$

$$x_2' = x_1 + \frac{R_a \pi}{Z} - \beta = R_a\left(\sqrt{2} + \frac{\pi}{Z}\right) - \beta$$

Wir erhalten durch Ausführen der Integration für V_m:

$$V_m = \frac{Z \cdot F_v}{R_a \cdot \pi} = \frac{Z}{\pi} \omega R_a \cdot \mathfrak{z} \left[\frac{1}{2}\left(\frac{\beta}{R_a}\right) + \frac{\frac{\pi}{Z} - \left(\frac{\beta}{R_a}\right)}{\left(2 + \sqrt{2}\frac{\pi}{Z} - \left(\frac{\beta}{R_a}\right)\sqrt{2}\right.} \right]$$

Für $\mathfrak{z}$ erhält man, falls man für (β/R_a) die früher schon angewendete Bezeichnung ψ einführt:

$$\mathfrak{z} = \frac{\pi \sqrt{\frac{g}{\gamma \cdot \pi} \cdot \sqrt{S}}}{\omega R_a^2 Z \left[\frac{\psi}{2} + \frac{\frac{\pi}{Z} + \psi}{\left(2 + \sqrt{2}\frac{\pi}{Z}\right) - \psi \sqrt{2}} \right]} \quad . . (27)$$

Die Gleichung kann nur Anwendung finden, falls β konstant ist. Für $\beta = 0$ geht Gl. (27) in die Gleichg. (25) über.

Zusammenfassung.

Die Kraftausnutzung eines Flügelelementes ist umgekehrt proportional dem Abstande von der Drehachse und für eine bestimmte Schraube unabhängig von der Turenzahl.

Das theoretische Maximum für ϑ ist erreicht, falls $\cos \delta = 1 - \varepsilon$ ist. Für $\varepsilon = 0{,}01$ ergibt dies ca. 8^0.

Da K_x/K_y aber ebenfalls mit δ veränderlich ist, kann dieser Wert eine Verschiebung erleiden.

Nach den dem Verfasser zu Gebote stehenden Versuchswerten liegt das Maximum von K_x/K_y nicht weit von 8^0, so daß man mit diesen Ablenkungswinkeln schon gute Verhältnisse erreichen wird.

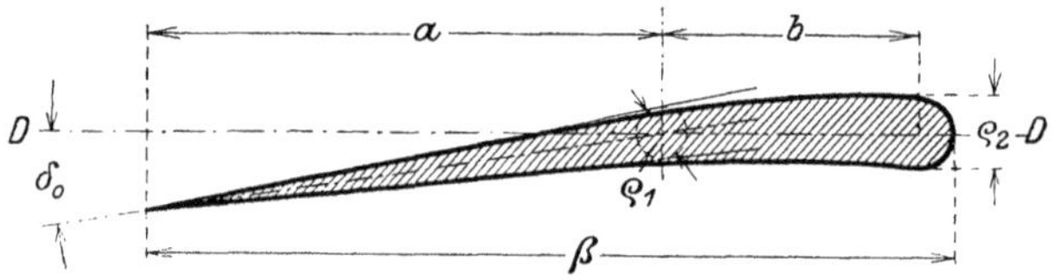

Fig. 42.

Für die Konstruktion von Hubschrauben ergibt sich auf Grund unserer Betrachtungen die Forderung, daß die Winkelhalbierende der äußersten Elemente der Eintrittskante parallel zur Drehebene sein muß, und die Winkelhalbierende der äußersten Elemente der Austrittseite mit der ersteren einen konstanten Winkel von $\delta_0{}^0$ bildet.

Der Einfluß der Flügelbreite auf die Kraftausnutzung bzw. die Koeffizienten K und ε konnte, da keine geeigneten experimentellen Grundlagen zur Verfügung standen, nicht erfaßt werden. Es scheint, daß für $\psi = \beta/R = 1/6$ bis $1/12$ günstige Verhältnisse erzielt werden können.

Der Gütegrad ζ einer Schraube ist, solange das quadratische Gesetz gilt, konstant.

Für den Entwurf von Hubschrauben braucht mit Rücksicht auf den Gütegrad der zu verwendenden Turenzahl keine große Bedeutung beigelegt zu werden. Man wird mit schmalen rasch rotierenden Flügeln unter Umständen einen höheren Gütegrad erhalten als mit breiteren langsam laufenden Flügeln.

Mit wachsender Flügelzahl nimmt der Gütegrad zu.

Die Kraftausnutzung nimmt hingegen mit zunehmender Flügelzahl ab.

Für die Konstruktion günstiger Flügelquerschnitte für Hubschrauben ergäbe sich auf Grund unserer Betrachtungen ungefähr die durch Fig. 42 veranschaulichte Form. Die Achse D D ist hierbei parallel zur Drehebene der Schraube. Mit Rücksicht auf eine gute Teilung der Luft wäre hierbei etwa zu wählen:

$$\rho_1 \sim \frac{\beta}{21} \qquad a \sim \frac{2}{3}\beta$$

$$\rho_2 \sim \frac{\beta}{14} \qquad b \sim \frac{1}{3}\beta$$

$$\beta \sim \frac{1}{6} \div \frac{1}{12} R_a$$

Für δ_0 ist nach unseren bisherigen Erfahrungen $8 \div 10^0$ zu nehmen. Mit Rücksicht auf gute Kraftausnützung erscheint es angebracht, mit β nicht über $R/6$ hinauszugehen. Ergeben sich breitere Flügel, so ist unter Umständen eine Erhöhung der Flügelzahl mit Rücksicht auf die dadurch ermöglichte Verringerung von β vorzunehmen. Da jedoch, wie wir wissen, eine Erhöhung der Flügelzahl eine Verschlechterung der Kraftausnutzung mit sich bringt, ist im gegebenen Falle stets in Erwägung zu ziehen, ob die Verbesserung von ϑ infolge der verringerten Flügelbreite nicht durch den Einfluß der erhöhten Flügelzahl zunichte gemacht wird.

Bei der Wahl der oben gegebenen Bezugsmaße ist die Anschauung maßgebend gewesen, daß die Teilung der Luft nicht gleichzeitig mit der Ablenkung derselben verbunden sein darf. Eine plötzliche Ablenkung der Luft, wie dies der Fall wäre für $b = o$, würde Anlaß zu Wirbelbildungen und Kraftverlusten ergeben. Die Luft muß vielmehr erst eine gewisse Strecke des Flügels fast ohne Ablenkung lediglich zum Zwecke der Teilung passieren, bis die Ablenkung erfolgen darf, was natürlich allmählich vor sich gehen muß. Durch diese Forderung ist eine ganz spitze Form der Eintrittskante ausgeschlossen. Bemerkenswert ist ferner, daß wir auf Grund unserer Betrachtungen ganz von selbst auch eine gewisse Wölbung der Druckseite erhalten.

Auf Grund unserer Untersuchungen ergibt sich, daß eine nach unseren Gesichtspunkten konstruierte Hubschraube einen Gütegrad von über 80 % erreichen kann.

Die Ausführung der Integration ergibt für unsere Schraube bester Kraftausnutzung sehr einfache und übersichtliche Formeln. Durch Einführen von $\psi = \beta/R$ gehen dieselben in die Renardschen Leistungsformeln über, wobei sich eine bedeutend höhere Kraftausnutzung ergibt als bei der Helix optima.

Die Auswertung der Lindenberger Messungen für 4 verschiedene Profile gibt ein klares Bild über den Verlauf des Verhältnisses K_x/K_y bei konstant angenommenem β und ε.

Weniger klar ist der Verlauf der ε_0-Kurve, welche man erhielt, indem man ein neues für Schub- und Drehmoment konstantes K_0 einführte. Hier kann nur auf Grund eingehender Versuche Klärung geschaffen werden. Die Lindenberger Messungen bieten reichliches Material zu dieser dankenswerten Aufgabe.

Die Anwendung der erweiterten Rateauschen Theorie auf die Berechnung der Hubschrauben ergibt, wie die Ausführungen im ersten Teile der vorliegenden Arbeit erkennen lassen, eine gute Übereinstimmung mit den Ergebnissen früherer Untersuchungen.

II. Die Schraube im Marsche.

Die allgemeinen Ansätze für Schub, Umfangskraft und Drehmoment bei der Schraube im Marsche. Die ideelle Marschgeschwindigkeit.

Die Einströmungsrichtung[1]) der Luft an der Eintrittsseite des Flügelelementes ΔF im Abstande x von der Achse ist gekennzeichnet durch den Eintrittswinkel α_e, für welchen, wie aus der nebenstehenden Figur ersichtlich, die Beziehung gilt

$$\operatorname{tg} \alpha_e = \frac{c}{\omega x}$$

wobei ω die Winkelgeschwindigkeit, also ωx die Umfangsgeschwindigkeit und c die Marschgeschwindigkeit bedeuten. Die Bedingung für den stoßfreien Eintritt ist dann, daß der Winkel α_E, den die Winkelhalbierende der äußeren Elemente der Eintrittskante mit der Drehrichtung bildet $= \alpha_e$ ist. Bezeichnet man die Eintrittssteigung mit S_E, so erhält man für den stoßfreien Eintritt

$$S_E = 2\pi \frac{c}{\omega} \quad . \quad . \quad (28)$$

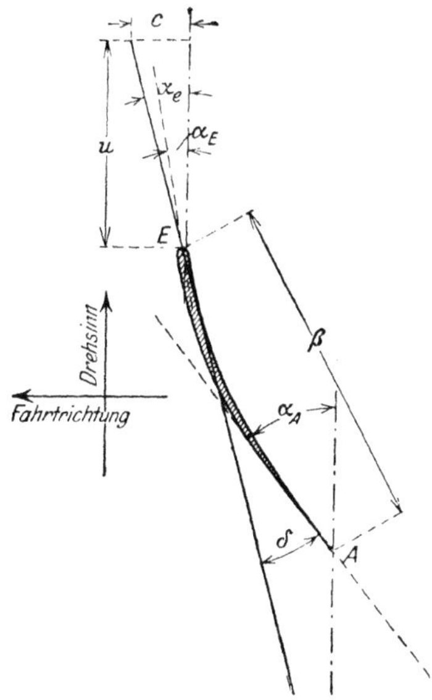

Fig. 43.

Für die sämtlichen folgenden Ableitungen soll vorausgesetzt werden, daß die Differenz der Winkel $\alpha_E - \alpha_e$ klein ist. Die Ablenkung, welche die Luft beim Vorbeiströmen an der bewegten Fläche erleidet, ist δ Grad. Wie aus dem umstehenden Diagramme ersichtlich, ist der Luft während des Vorbeiströmens an dem Flächenelemente ΔF im Abstande **x** die absolute Geschwindigkeit $V_a = AB$ erteilt worden. Die Geschwindig-

[1]) Mit Hilfe von Pitotrohren wurde auf Fahrtversuchen mit Z-Schiffen festgestellt, daß die Anström-Geschwindigkeit der Luft bei Marschschrauben gleich der Schiffsgeschwindigkeit ist. Die Schiffsgeschwindigkeit wurde hierbei an einem 8 m unterhalb Propellernabe liegenden Punkte gemessen.

keitsabnahme, welche die Luft bei dem Vorbeiströmen an der Fläche erleidet, berücksichtigen wird der Rateauschen Theorie gemäß wieder dadurch, daß wir $V_1 = V_0 (1-\varepsilon)$ setzen. Die sekundlich durchströmende Masse ist dann $K \gamma/g \, \Delta F V_0$ und nach dem Satze vom Antriebe die von dem Flächenteilchen auf die angrenzende Luft ausgeübte Kraft:

$$\Delta R = \frac{\gamma}{g} K \Delta F V_0 V_a$$

Mit Beziehung auf das Geschwindigkeitsdiagramm Fig. 44 erhalten wir für die Komponenten von V_a in den Richtungen der X- und Y-Achse

$$V_x = (1-\varepsilon) \sin \delta \, \omega x - c (1-(1-\varepsilon) \cos \delta) \quad . \; . \; . \; . \; . \quad (29)$$

$$V_y = (1-(1-\varepsilon) \cos \delta) \, \omega x + c (1-\varepsilon) \sin \delta \quad . \; . \; . \; . \; . \quad (30)$$

Für die ortsfeste Schraube hatten wir nach Gleichung (1) und (2)

$$V_x = (1-\varepsilon) \sin \delta \, \omega x \quad . \; . \; . \; . \; . \quad (1)$$

$$V_y = (1-(1-\varepsilon) \cos \delta) \, \omega x \quad . \; . \quad (2)$$

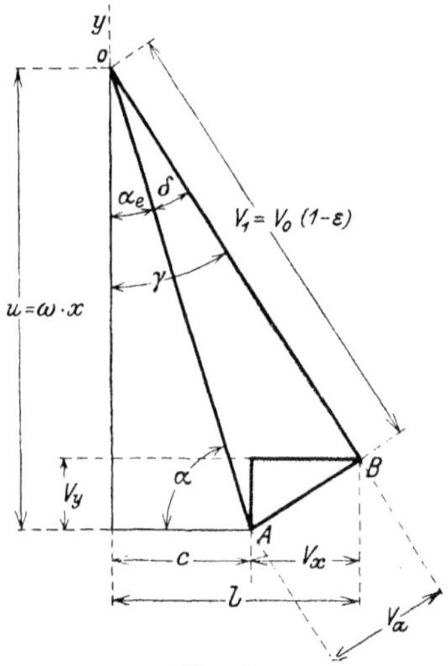

Fig. 44.

Setzen wir in den Gleichungen (29) und (30) für V_x und V_y die Marschgeschwindigkeit $c = 0$, so gehen diese Formeln in die Gleichungen (1) und (2) über. Dadurch, daß jetzt die Schraube noch eine fortschreitende Bewegung besitzt, ist bei der Kompenente V_x der absoluten Geschwindigkeit ein neues Glied

$$V_{e_x} = -c (1-(1-\varepsilon) \cos \delta)$$

hinzugetreten, während sich die Komponente V_y um den Betrag

$$V_{e_y} = + c (1-\varepsilon) \sin \delta$$

geändert hat; sowohl V_{e_x} als auch V_{e_y} sind direkt proportional der Marschgeschwindigkeit c. Interessant ist, daß der Faktor $(1-\varepsilon) \sin \delta$, der bei der Schraube am Stand für die Komponente V_x charakteristisch ist, nun den Wert V_y beeinflußt, während umgekehrt der Faktor $(1-(1-\varepsilon) \cos \delta)$, der früher in dem Ausdrucke für V_y vorkam, nun die Komponente V_x verändert. Mit den früheren Bezeichnungen

$$(1-\varepsilon) \sin \delta = Y_S; \; (1-(1-\varepsilon) \cos \delta) = Y_M$$

können wir die Gleichungen (1) und (2) bzw. (29) und (30) auch schreiben

$$\text{Schraube am Stand:} \begin{cases} V_x = \omega x Y_S \quad . \; . \; . \; . \; . \; . \quad (1) \\ V_y = \omega x Y_M \quad . \; . \; . \; . \; . \quad \mathbf{(2)} \end{cases}$$

$$\text{Marschschraube:} \begin{cases} V_x = \omega x Y_S - c Y_M \quad . \; . \quad (29) \\ V_y = \omega x Y_M + c Y_S \quad . \; . \quad (30 \end{cases}$$

Für die in der Fahrtrichtung auftretende Komponente von Δ R, den von den Flächenteilchen erzeugten Schub, erhält man:

$$\Delta S = \frac{\gamma}{g} K_x \Delta F V_o V_x$$

oder

$$\Delta S = \frac{\gamma}{g} K_x \Delta F V_o [(1 - \varepsilon) \sin \delta \, \omega x - c (1 - (1 - \varepsilon) \cos \delta)] \qquad (31)$$

Für die in der Drehebene liegende Komponente von Δ R, die Umfangskraft Δ P, erhält man

$$\Delta P = \frac{\gamma}{g} K_y \Delta F V_o V_y$$

oder

$$\Delta P = \frac{\gamma}{g} K_y \Delta F V_o [(1 - (1 - \varepsilon) \cos \delta) \, \omega x + c (1 - \varepsilon) \sin \delta)] \qquad (32)$$

Für das bei der Bewegung des Flächenelementes aufzuwendende Drehmoment Δ M gilt endlich

$$\Delta M = \frac{\gamma}{g} K_y \Delta F V_o V_y x$$

oder

$$\Delta M = \frac{\gamma}{g} K_y \Delta F V_o [(1 - (1 - \varepsilon) \cos \delta) \, \omega x + c (1 - \varepsilon) \sin \delta)] x \qquad (33)$$

Mit unserer abgekürzten Schreibweise lauten die Gleichungen:

$$\Delta S = \frac{\gamma}{g} K_x \Delta F V_o [Y_S \, \omega x - c Y_M] \quad \ldots \quad (31)$$

$$\Delta P = \frac{\gamma}{g} K_y \Delta F V_o [Y_M \, \omega x + c Y_S] \quad \ldots \quad (32)$$

$$\Delta M = \frac{\gamma}{g} K_y \Delta F V_o [Y_M \, \omega x + c Y_S] x \quad \ldots \quad (33)$$

Wir wollen nun etwas näher auf die allgemeinen Ansätze für den Schub bzw. das Drehmoment eingehen. Im folgenden sei noch der den Δ S, Δ P und Δ M gemeinschaftliche Wert $\gamma/g \, \Delta F V_0$ mit A bezeichnet. Wir setzen in den Gleichungen (31), (32) und (33) noch ωx vor die Klammer und erhalten:

$$\Delta S = K_x A \omega x \left[Y^S - \frac{c}{\omega x} Y_M \right] \quad \ldots \quad (31)$$

$$\Delta P = K_y A \omega x \left[Y_M + \frac{c}{\omega x} Y_S \right] \quad \ldots \quad (32)$$

$$\Delta M = K_y A \omega x^2 \left[Y_M + \frac{c}{\omega x} Y_S \right] \quad \ldots \quad (33)$$

während wir mit derselben Schreibweise für die Schraube am Stande erhalten:

$$\Delta S = K_x A \omega x Y_S \quad . \quad . \quad . \quad . \quad . \quad . \quad . \quad (3)$$

$$\Delta P = K_y A \omega x Y_M \quad . \quad . \quad . \quad . \quad . \quad . \quad . \quad (4)$$

$$\Delta M = K_y A \omega x^2 Y_M \quad . \quad . \quad . \quad . \quad . \quad . \quad . \quad (5)$$

Zunächst soll untersucht werden, bei welchem Werte von c das Flächenelement ΔF überhaupt keinen Schub mehr ausübt. Wir erhalten für ΔS = Null:

$$c_i = \omega x \frac{Y_S}{Y_M} \quad . \quad . \quad . \quad . \quad . \quad . \quad . \quad . \quad (34)$$

Diesen Wert der Marschgeschwindigkeit wollen wir einem Vorschlage von Eberhardt [1]) gemäß, als die ideelle Marschgeschwindig-

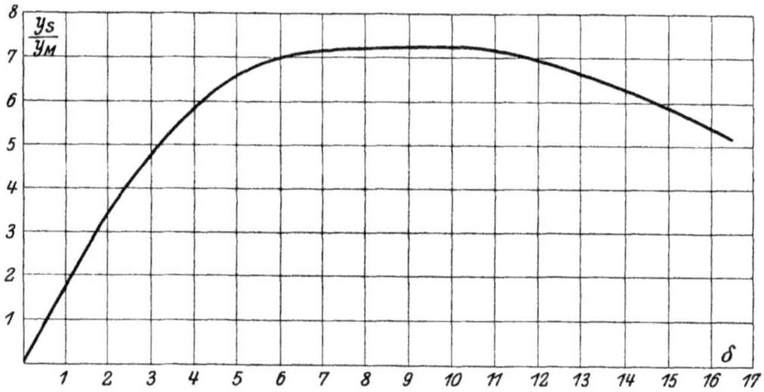

Fig. 45.

keit bezeichnen. Im Gegensatze zu Eberhardt der in dem erwähnten Buche die ideelle Marschgeschwindigkeit einer Schraube von konstanter Steigung unabhängig vom Radius, also für jedes Flächenelement gleich findet, erhalten wir ein mit dem Abstand von der Achse veränderliches c_i. Dies ist eigentlich selbstverständlich, da sich die Eintrittsströmung mit veränderlicher Umfangsgeschwindigkeit ändert.

Die ideelle Marschgeschwindigkeit ist also direkt proportional der Umfangsgeschwindigkeit und dem Quotienten Y_S/Y_M. In Fig. 45 ist der Verlauf von Y_S/Y_M als Funktion des Ablenkungswinkels aufgetragen.

Die Kurve wurde berechnet für ein konstantes $\varepsilon = 0{,}01$. Man sieht, daß Y_S/Y_M zuerst mit wachsendem Ablenkungswinkel δ rasch zunimmt und dann in dem für praktische Zwecke hauptsächlich in Betracht kommenden Bereiche von $6 \div 12^0$ annähernd konstant bleibt, um dann wieder abzufallen.

[1]) Theorie und Berechnung der Luftschrauben von C. Eberhardt, Berlin, W. Krayn.

Bei der Schraube im Marsche ist der Ablenkungswinkel eine Funktion von c, ω x und der für einen bestimmten Fall festliegenden Austrittssteigung. Es ist

$$\delta = \alpha_A - \alpha_e = \alpha_A - \operatorname{arc\,tg} \frac{c}{\omega x} \sim \alpha_A - \frac{c}{\omega x}$$

Für eine gegebene Schraube ist δ_0 entsprechend der bei der Konstruktion zugrunde gelegten Turenzahl bzw. Marschgeschwindigkeit durch Ein- und Ausstrittssteigung festgelegt.

Man sieht ohne weiteres, daß bei einer für hohe Umfangsgeschwindigkeiten berechneten Schraube die Ablenkungswinkel langsamer durch veränderliches c beeinflußt werden als bei kleinem ω; d. h. schnell laufende Schrauben haben ein größeres Anpassungsvermögen an verschiedene Arbeitsbedingungen.

Die Ablenkungswinkel der Marschschraube sind beim Beginne der fortschreitenden Bewegung, $c = 0$, am größten und nehmen mit wachsendem c, falls ω konstant gehalten wird, ab. Bei der der Konstruktion zugrunde gelegten Bedingung $c = c_0$ und ω_0 ist die Ablenkung δ_0 Grad. Wächst c noch weiter, so kann δ zu Null werden und sogar negative Werte annehmen. In diesem Falle wird das betreffende Flügelelement bremsend wirken.

Durch geeignete Veränderung der Turenzahl kann man erreichen, daß in gewissen Grenzen, unabhängig von der Marschgeschwindigkeit, die Luft stets die zugrunde gelegten Ablenkungen δ_0 erhält.

Wir haben bei der Hubschraube gefunden, daß die günstigste Kraftausnutzung unabhängig von ω dann stattfindet, wenn δ über den ganzen Flügel konstant gehalten wird. Finden wir dies auch für die Marschschraube bestätigt, so hat man es durch geeignete Regulierung der Turenzahl in der Hand, die Schraube bei beliebigen Marschgeschwindigkeiten unter der der günstigsten Kraftausnutzung entsprechenden Bedingung arbeiten zu lassen, denn der Ablenkungswinkel, welcher bei der Konstruktion mit Rücksicht auf die günstigsten Verhältnisse zugrunde gelegt wurde

$$\delta_0 = \alpha_A - \alpha_e$$

ändert nirgends seine Größe, falls c/ω konstant und gleich $\frac{c_0}{\omega_0}$ gehalten wird.

Die Ermittlung des Verlaufes von K_x und K_y für eine zweiflügelige Schraube in Fahrt.

Bevor wir in unseren allgemeinen Betrachtungen weiter fahren, wollen wir untersuchen, wie sich die Koeffizienten K_x und K_y mit wachsender Marschgeschwindigkeit verändern. — Daß eine Änderung eintreten muß, ist nach unseren Untersuchungen im ersten Abschnitte dieser Arbeit über den Einfluß eines veränderlichen δ auf K als sicher anzunehmen. Wir können nur noch nicht mit Bestimmtheit sagen, daß die Verhältnisse bei der Marschschraube ähnlich oder gleich liegen wie bei der ortsfesten Schraube mit veränderlichen Anstellwinkeln.

Leider ist das Versuchsmaterial über Schrauben in Fahrt viel beschränkter als dasjenige über die ortsfeste Schraube. Auch liegt es in der Natur der Sache, daß die Messungen an der Schraube im Marsche

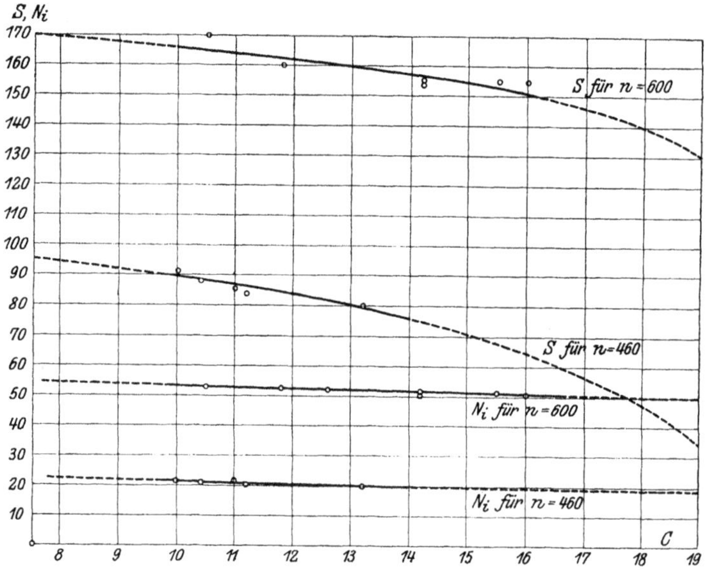

Fig. 46.

nicht so zuverlässig sind wie die an einer stationären Schraube vorgenommenen. Trotz umfangreicher Anfragen an den maßgebenden Stellen konnte der Verfasser keine für seine Zwecke geeigneten Angaben über Versuche mit Marschschrauben erhalten. Wir müssen uns deshalb bei der Untersuchung über den Einfluß von c auf K_x bzw. K_y ausschließlich auf Messungen beschränken, welche im Auftrage der Luftschiffbau-Zeppelin-G. m. b. H. an einem zweiflügeligen Metallpropeller von 4 m Durchmesser und 40 cm Flügelbreite ausgeführt wurden. Die Versuche wurden von Ingenieur Paul Béjeuhr auf dem Propellerprüfwagen der Ila im Jahre 1910 vorgenommen. Über die Art der Meßeinrichtungen berichtete Béjeuhr ausführlich in der Denkschrift der ersten Internationalen Luftschiffahrtausstellung (Ila), Frankfurt a. M., Julius Springer, sowie in der Z. f. F. und M. 1910.

Aus einer ganzen Reihe von Messungen können für unsere Zwecke nur die in Fig. 46 eingetragenen Werte verwendet werden. Es sind dies die bei verschiedenen Marschgeschwindigkeiten, aber für die Dauer eines Versuches, konstanter Turenzahl gemessenen Größen der Schübe bzw. Leistungen.

Für die Standschraube bestimmten wir K_x bzw. K_y aus den Gleichungen

$$K_{x_{St}} = \frac{S_v}{\Sigma A \omega x Y_S} ; \quad K_{y_{St}} = \frac{M_v}{\Sigma A \omega x^2 Y_M}$$

während wir für unsere Marschschraube die folgenden Gleichungen benutzen müssen:

$$K_{x_m} = \frac{S_v}{\Sigma A \omega x \left[Y_S - \frac{c}{\omega x} Y_M \right]} \quad . \quad . \quad . \quad . \quad (35)$$

$$K_{y_m} = \frac{M_v}{\Sigma A \omega x^2 \left[Y_M + \frac{c}{\omega x} Y_S \right]} \quad . \quad . \quad . \quad . \quad (36)$$

Mit Hilfe dieser Gleichungen wurden die Koeffizienten K_x und K_y für zwei konstante Drehzahlen $n = 600$ und $n = 460$ U/min berechnet. Man dachte sich dabei den Flügel in Streifen von 20 cm Breite, radial gemessen, zerlegt und ermittelte hierfür die Elementarschübe bzw. Drehmomente für K_x bzw. $K_y = 1$ bei verschiedenen Werten von c mit Hilfe der Gleichungen (31) und (33). Mit Benutzung des in dem Diagramm Fig. 46 dargestellten Verlaufes von Schub und Leistung bzw. des sich hieraus ergebenden Drehmomentes konnten dann aus Gleichung (35) und (36) die Werte der K_x und K_y als Mittelwerte über den Schraubenflügel bestimmt werden. Die gefundenen Zahlen sind in den folgenden Tabellen zusammengestellt.

Tabelle 12.

Versuch I. n = 460 U/min.

	R	δ	V_x	V_y	$\Delta S/K_x$	$\Delta M/K_y$
c 8 m/sec	300	13° 17′	2,95	2,35	0,35	0,08
	500	20° 33′	7,80	3,59	1,56	0,36
	700	16° 19′	8,91	3,86	2,66	0,81
	900	14° 41′	10,55	3,78	4,31	1,39
	1100	12° 37′	11,18	3,48	6,00	2,05
	1300	10° 32′	11,05	3,08	6,95	2,52
	1500	9° 01′	10,95	2,75	7,95	3,00
	1700	7° 39′	10,62	2,44	8,75	3,41
	1900	6° 20′	9,80	2,25	8,98	3,91
					47,51	17,53

	R	δ	V_x	V_y	$\Delta S/K_x$	$\Delta M/K_y$
c 10 m/sec	300	7° 29′	1,68	1,53	0,21	0,06
	500	16° 17′	6,18	3,96	1,28	0,40
	700	14° 04	7,70	3,73	2,34	0,79
	900	12° 10′	8,70	3,47	3,58	1,29
	1100	10° 36′	9,38	3,20	5,06	1,90
	1300	8° 54′	9,40	2,85	5,95	2,34
	1500	7° 25′	9,03	2,51	6,59	2,75
	1700	6° 24′	8,87	2,33	7,32	3,27
	1900	5° 08′	8,00	2,08	7,32	3,62
					39,65	16,42
c 12 m/sec	300	2° 29′	0,50	0,65	0,07	0,03
	500	12° 25′	4,70	3,34	1,00	0,36
	700	11° 02′	6,10	3,34	1,88	0,72
	900	9° 40′	7,09	2,99	2,86	1,12
	1100	8° 31′	7,50	2,82	4,07	1,69
	1300	7° 06′	7,47	2,53	4,75	2,10
	1500	5° 54′	7,18	2,23	5,25	2,44
	1700	4° 52′	6,75	1,99	5,58	2,80
	1900	3° 51′	5,95	1,71	5,48	2,99
					30,94	14,25
c 14 m/sec	300	1° 57′	0,40	—	0,65	—
	500	8° 45′	3,40	2,59	0,75	2,09
	700	8° 02′	4,40	2,54	1,39	0,56
	900	7° 10′	5,12	2,42	2,12	0,90
	1100	6° 29′	5,61	2,31	3,06	1,39
	1300	5° 20′	5,58	2,04	3,57	1,70
	1500	4° 21′	5,30	1,84	3,89	2,03
	1700	3° 31′	5,01	1,67	4,12	2,36
	1900	2° 36′	4,00	1,45	3,70	2,54
					23,25	11,77
c 16 m/sec	300	5° 41′	—	—	—	—
	500	5° 15′	1,95	1,79	0,45	0,20
	700	5° 12′	2,78	1,87	0,90	0,42
	900	4° 50′	3,39	1,86	1,46	0,72
	1100	4 °29′	4,06	1,83	2,26	1,11
	1300	3° 38′	3,97	1,63	2,56	1,37
	1500	2° 50′	3,35	1,50	2,47	1,66
	1700	2° 10′	2,90	1,34	2,42	1,90
	1900	1° 23′	2,72	1,16	2,52	2,05
					15,04	9,43
c 18 m/sec	300	9° 01′	—	—	—	—
	500	2° 08′	0,70	0,91	0,17	0,11
	700	2° 30′	1,25	1,15	0,41	0,27
	900	2° 35′	1,70	1,18	0,74	0,46
	1100	2° 32′	2,10	1,37	1,17	0,84

	R	δ	V_x	V_y	$\Delta S/K_x$	$\Delta M/K_y$
c 18 m/sec	1300	1° 55′	1,90	1,22	1,24	1,03
	1500	1° 21′	1,50	1,08	1,12	1,20
	1700	0° 50′	1,00	0,91	0,84	1,29
	1900	0° 10′	1,10	0,78	0,09	1,34
					5,78	6,54

Tabelle 13.

Versuch II. n = 600 U/min.

	R	δ	V_x	V_y	$\Delta S/K_x$	$\Delta M/K_y$
c 8 m/sec	300	19° 17′	5,61	3,83	0,83	0,17
	500	24° 37′	12,20	6,45	3,13	0,83
	700	20° 23′	14,50	6,07	5,88	1,64
	900	17° 05′	15,90	5,36	8,40	2,55
	1100	14° 42′	16,80	4,83	11,65	3,69
	1300	12° 23′	17,05	1,23	14,00	4,53
	1500	10° 29′	16,70	3,89	15,75	5,51
	1700	8° 59′	16,30	3,49	17,50	6,36
	1900	7° 29′	15,20	3,17	18,15	7,20
					95,29	32,48
c 10 m/sec	300	14° 19′	4,14	3,17	0,63	0,15
	500	21° 10′	10,45	5,96	2,73	0,77
	700	17° 52′	12,82	6,03	5,00	1,65
	900	15° 07′	14,20	5,12	7,58	2,45
	1100	13° 04′	15,20	4,65	10,60	3,56
	1300	11° 00′	15,21	4,09	12,48	4,36
	1500	9° 17′	14,90	3,66	14,10	5,20
	1700	7° 54′	14,40	3,39	15,45	6,19
	1900	6° 32′	13,40	3,03	16,00	6,87
					84,57	31,20
c 12 m/sec	300	9° 42′	2,80	2,44	0,45	0,18
	500	17° 57′	8,85	5,51	2,35	0,64
	700	15° 22′	10,90	5,12	4,29	1,41
	900	13° 05′	12,20	4,66	6,54	2,25
	1100	11° 23′	13,10	4,34	9,09	3,31
	1300	9° 37′	13,20	3,94	10,85	4,22
	1500	8° 05′	13,00	3,46	12,30	4,93
	1700	6° 50′	12,40	3,13	13,40	5,63
	1900	5° 37′	11,30	2,83	13,50	6,43
					72,77	29,00
c 14 m/sec	300	5° 39′	1,50	1,64	0,25	0,08
	500	14° 53′	7,30	4,89	1,98	0,65
	700	13° 00′	9,30	4,65	3,70	1,30
	900	11° 15′	10,50	4,35	5,68	2,11
	1100	9° 50′	11,30	4,02	7,95	3,11

	R	δ	V_x	V_y	$\Delta S/K_x$	$\Delta M/K_y$
c 14 m/sec	1300	8° 14′	11,45	3,62	9,50	3,88
	1500	6° 54′	11,19	3,19	10,65	4,56
	1700	5° 46′	10,40	2,90	11,20	5,31
	1900	4° 38′	9,35	2,45	11,20	5,57
					62,11	28,57
c 16 m/sec	300	1° 51′	5,85	0,77	1,04	0,43
	500	11° 53′	5,90	4,23	1,64	0,59
	700	9° 39′	7,00	3,71	2,83	1,05
	900	9° 19′	8,70	3,81	4,74	1,87
	1100	7° 55′	9,10	3,49	6,45	2,72
	1300	6° 56′	9,50	3,21	7,89	3,47
	1500	5° 41′	9,00	2,89	8,58	4,14
	1700	4° 44′	8,50	2,50	9,20	4,60
	1900	3° 40′	8,30	2,20	9,95	5,02
					52,32	23,87
c 18 m/sec	300	1° 30′	—	—	—	—
	500	9° 03′	4,50	3,49	1,29	0,51
	700	8° 25′	6,10	3,49	2,50	1,00
	900	7° 28′	7,00	3,31	3,85	1,64
	1100	6° 42′	7,70	3,18	5,48	2,49
	1300	5° 32′	7,60	2,86	6,36	3,09
	1500	4° 33′	7,30	2,54	7,00	3,65
	1700	3° 41′	6,70	2,22	7,29	4,08
	1900	2° 48′	5,50	1,94	6,62	4,42
					40,39	20,98

Um ein Bild vom Verlauf der $\Delta S/K_x$ bzw. $\Delta M/K_y$ oder

$$A\,\omega\,x\left[Y_S - \frac{c}{\omega x}\,Y_M\right] \text{ bzw. } A\,\omega\,x^2\left[Y_M + \frac{c}{\omega x}\,Y_S\right]$$

zu erhalten, sind in Fig. 47—50 diese Werte als Funktion des Abstandes der betreffenden Flächenelemente von der Achse aufgetragen.

Für K_x und K_y ergeben sich die in Tabelle 14 zusammengestellten Werte, die in Fig. 51 und 52 graphisch dargestellt sind.

Tabelle 14.

c	K_x		K_y		K_x/K_y	
	n = 460	n = 600	n = 460	n = 600	n = 460	n = 600
8,0	1,14	1,05	1,02	1,02	1,15	1,03
10	1,14	1,06	1,04	1,03	1,10	1,03
12	1,29	1,09	1,12	1,08	1,15	1,02
14	1,76	1,22	1,33	1,17	1,33	1,05
16	2,35	1,47	1,56	1,30	1,51	1,13
18	6,50	1,90	2,20	1,43	2,96	1,33

Bei der Standschraube hatten wir gefunden, daß die K_x- bzw. K_y-Kurven ein Minimum hatten, dessen Lage je nach der Art des unter-

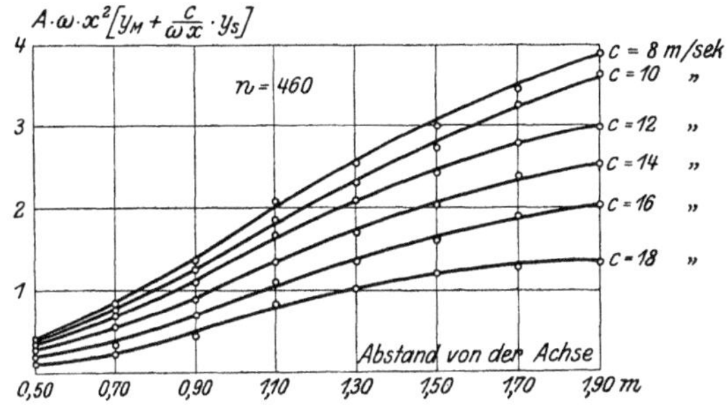

Fig. 47.

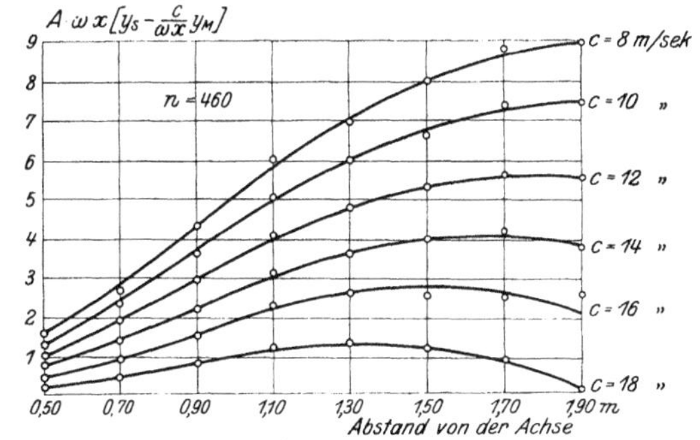

Fig. 48.

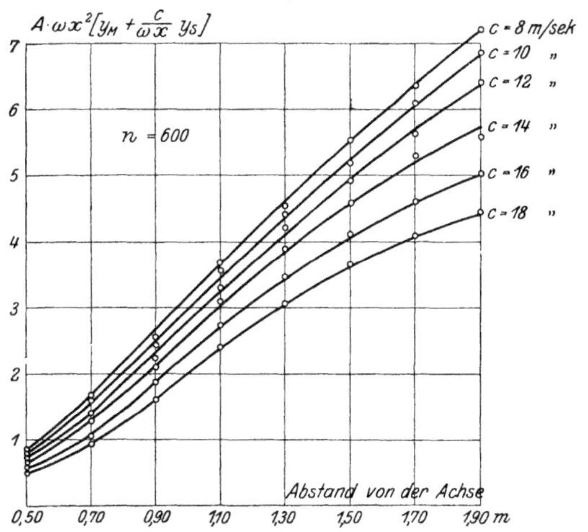

Fig. 49.

suchten Profiles zwischen 2^0 und 10^0 schwankte. Die Kurve der K_x/K_y nahm von ca. 2^0 an stetig zu und blieb von ca. 8^0—12^0 an in dem unter-

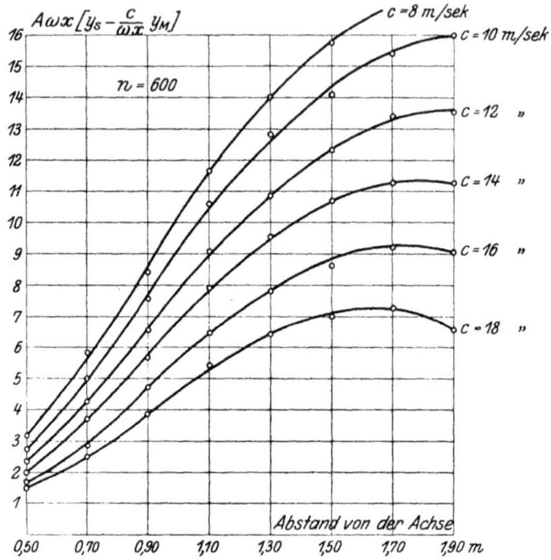

Fig. 50.

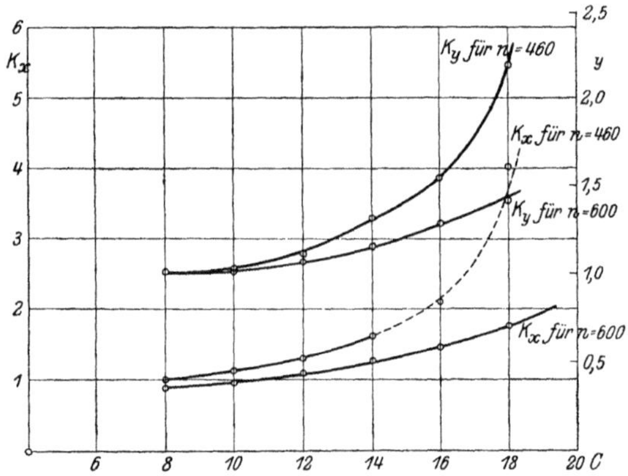

Fig. 51.

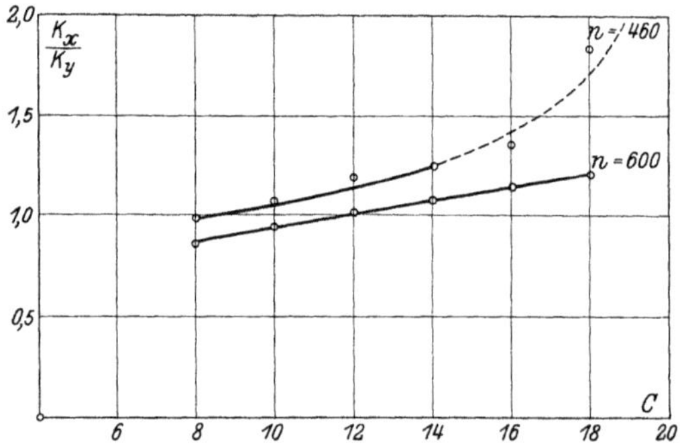

Fig. 52.

suchten Bereiche annähernd konstant. Während die damals zugrunde gelegten Flügel radial konstante Ablenkungswinkel hatten, ist für die vorliegende Schraube der Ablenkungswinkel δ infolge der verschiedenen Arbeitsbedingungen natürlich veränderlich, wie dies aus den Tabellen zu ersehen ist. Es sei bemerkt, daß für diese Schraube auch die Konstruktionsablenkungswinkel an sich mit dem Radius veränderlich sind.

Wir können deshalb, wie wir es übrigens schon früher in zwei Fällen getan haben, die K_x bzw. K_y nur als Mittelwerte über den ganzen Flügel bestimmen.

Aus dem Diagramme Fig. 51 ersehen wir, daß K_x und K_y zuerst annähernd konstant bleiben und erst bei einem bestimmten Werte von c beginnen, zuerst langsam und dann sehr schnell mit wachsendem c, also abnehmenden Ablenkungswinkeln zu wachsen. Dies scheint, oberflächlich betrachtet, unseren Ergebnissen aus den Standversuchen zu widersprechen. Gehen wir aber näher auf die Sache ein, so sehen wir, daß die für die Marschschraube ermittelten Werte der K_x bzw. K_y nicht ohne weiteres mit unseren früheren Werten verglichen werden können. Wir brauchen uns nur nochmals zu vergegenwärtigen, wie die Ermittlung dieser Koeffizienten stattfand. Für die Standschraube hatten wir

$$K_{x_{St}} = \frac{S_v}{\Sigma\, A\, \omega\, x\, Y_S}\,; \quad K_{y_{St}} = \frac{M_v}{\Sigma\, A\, \omega\, x^2\, Y_M}$$

Da wir in den untersuchten Fällen radial konstante Ablenkungswinkel hatten, war sowohl Y_s als auch Y_m für jedes Flügelelement konstant. Für die Schraube im Marsche hatten wir

$$K_{x_m} = \frac{S_v}{\Sigma\, A\, \omega\, x \left[Y_S - \frac{c}{\omega\, x} Y_M \right]}\,;$$

$$K_{y_m} = \frac{M_v}{\Sigma\, A\, \omega\, x^2 \left[Y_M + \frac{c}{\omega\, x} Y_S \right]}$$

Hier haben wir für jedes Teilelement ΔF des Flügels verschiedene Werte von Y_s und Y_m und selbstredend auch von K_x und K_y. Wir sehen, daß bei der Marschschraube durch die im Nenner vorkommenden veränderlichen Größen $c/\omega x$ bzw. Y_s und Y_m eine Verzerrung des Verlaufes von K_x bzw. K_y in dem Sinne stattfinden muß, wie sie das Diagramm 51 zum Ausdrucke bringt. Aus Fig. 51 sieht man auch sehr deutlich, daß, solange c gegen ω klein ist, K_x bzw. K_y konstant bleiben, und zwar entsprechen diese Werte den für den stationären Zustand in Betracht kommenden Größen dieser Koeffizienten. Für die Versuchsreihe $n = 600$ ist infolge der größeren Umfangsgeschwindigkeit der Einfluß von c auf die Werte von K_x bzw. K_y viel geringer als bei $n = 460$.

Die Zurückführung des Problemes der Schraube im Marsche auf die Schraube am Stande. Die Charakteristik der Schraube. Kraftausnutzung. Wirkungsgrad.

Von großer Bedeutung für die Klärung der Schraubenfrage ist es nun, ob unsere früheren Ergebnisse bei der Standschraube auch sinngemäß auf die Schraube mit fortschreitender Bewegung angewendet werden können. Bis heute findet man fast überall die Anschauung vertreten, daß es unmöglich ist, durch stationäre Versuche Einblick in das Verhalten der Schraube in Fahrt zu gewinnen. Wir werden im folgenden sehen, daß diese Ansicht nicht richtig ist.

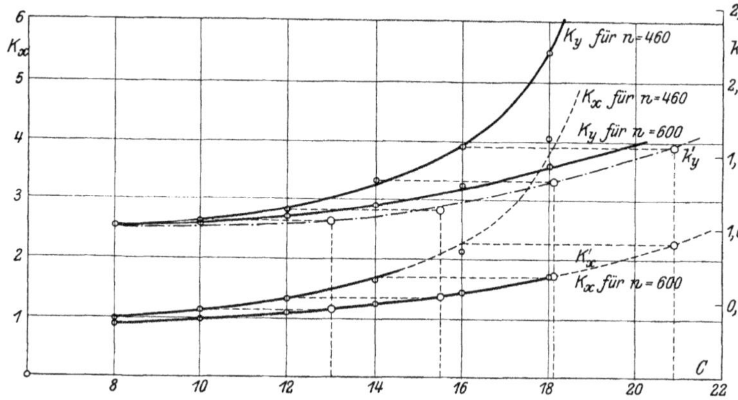

Fig. 53.

Wir fanden früher, daß, solange δ nicht geändert wurde, K_x und K_y konstant und von der Turenzahl vollkommen unabhängig sind.

Wir sind in der Lage, nachzuweisen, daß auch bei der Schraube in Fahrt K_x bzw. K_y konstant sind, solange die Ablenkungswinkel nicht geändert werden, ganz gleichgültig, bei welchen Turenzahlen bzw. Marschgeschwindigkeiten die Schraube arbeitet. Für δ haben wir die Beziehung

$$\delta = \alpha_A - \frac{c}{\omega x}$$

δ bleibt also, wie wir schon früher dargetan, konstant, solange sich c/ω nicht geändert hat.

In Fig. 53 sind nochmals die früher ermittelten Werte der K_x bzw. K_y als Funktion der Marschgeschwindigkeit aufgetragen. Es ist hierbei, wie schon im Diagramm Fig. 51 für K_y ein größerer Maßstab gewählt als für K_x. Wird bei den konstant gehaltenen Tourenzahlen n = 460 bzw. n = 600 die Marschgeschwindigkeit im Verhältnisse 600/460 geändert, so müssen die K_x- bzw. K_y-Werte der beiden Kurven für n = 600 bzw. n = 460 für Marschgeschwindigkeiten, welche unter sich in diesem Verhältnisse stehen, den gleichen Wert annehmen, falls unsere früheren Ergebnisse auch für die Schraube im Marsche gültig sind.

In Fig. 53 sind, ausgehend von den K-Kurven für n = 460, die entsprechenden Punkte für n = 600 konstruiert (strichpunktierte Kurven). Man sieht, daß K_x und K_y tatsächlich konstant bleiben, solange c/ω konstant ist. Die vorhandenen geringfügigen Abweichungen dürften ihren Grund hauptsächlich darin haben, daß infolge der Elastizität der Flügel, bei der höheren Turenzahl die aus den gemessenen Werten der S und N bzw. M berechneten K_x- und K_y-Kurven etwas zu hoch liegen. Auch direkte Meßfehler könnten vorhanden sein. Abgesehen von diesen kleinen Abweichungen ist aus dem Diagramme Fig. 53 ganz klar ersichtlich, daß sich K_x und K_y nicht ändern, solange keine Veränderung der Ablenkungswinkel erfolgt.

Die Koeffizienten K_x und K_y sind bei der Schraube in Fahrt unabhängig von der Turenzahl und Marschgeschwindigkeit, solange c/ω konstant bleibt, also eine Veränderung des Ablenkungswinkels nicht eintritt.

Durch diese Erkenntnis gewinnt der Versuch am Stande neue Bedeutung; denn man ist nun in der Lage, das Problem der Marschschraube auf stationäre Vorgänge[1]) zurückzuführen. — Selbstverständlich sind hierzu für bestimmte Fälle eingehende Versuche notwendig.

Ein einfaches Mittel zur Nachprüfung unserer Ergebnisse wäre die Messung des Schubes bzw. Drehmomentes bei konstant gehaltenem c/ω. Die aus diesen Meßwerten mit Hilfe unserer Gleichungen berechneten Werte der K_x bzw. K_y müssen sich für eine bestimmte Schraube als konstant ergeben.

Haben wir für eine bestimmte Schraube auf Grund eines Fahrtversuches den Verlauf der K_x- bzw. K_y-Kurve für irgend eine konstante Turenzahl als Funktion von c ermittelt, so sind wir imstande, die Werte der K_x bzw. K_y für jede beliebige andere Turenzahl bzw. Marschgeschwindigkeit auf graphischem Wege zu ermitteln. Wir sind also in der Lage, Schub und Leistungsbedarf für ganz beliebige Arbeitsbedingungen zu berechnen.

Im Diagramm Fig. 54 ist beispielsweise eine derartige graphische Ermittlung der K_x durchgeführt. Es ist dabei vorausgesetzt, daß die stark ausgezogene Kurve der K_x durch Auswertung eines Fahrtversuches,

---

[1]) In dem öfter zitierten Buche von Eberhardt wird ebenfalls der Anschauung Ausdruck verliehen, daß vom Standversuch auf das Verhalten in Fahrt geschlossen werden kann. Eberhardt geht jedoch von ganz anderen Gesichtspunkten aus. Seine Ergebnisse sind wesentlich von den hier wiedergegebenen verschieden.

bei welchem n konstant und gleich 300 U/min gehalten wurde, bekannt ist. Durch Anwendung der aus dem Diagramm ersichtlichen Konstruktion lassen sich dann die K_x-Kurven für jede andere Turenzahl ermitteln. — Für die K_y-Kurve wäre selbstverständlich dasselbe Verfahren anwendbar.

Kehren wir in unserer Betrachtung zum Flügelelemente zurück. Um anzudeuten, daß sich die K_x bzw. K_y nicht auf den ganzen Flügel, sondern nur auf ein Element desselben beziehen sollen, schreiben wir $K^{\Delta}{}_x$ und $K^{\Delta}{}_y$.

An einem rotierenden Flügelteilchen erleide die Luft infolge einer fort-

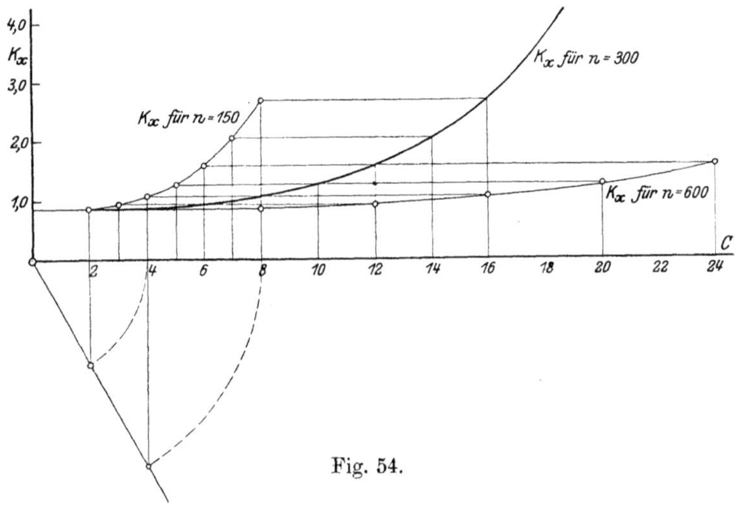

Fig. 54.

schreitenden Bewegung von der Geschwindigkeit c eine Ablenkung um δ Grad. Hierbei tritt an dem Flächenelemente eine Kraft auf

$$\Delta S_m = K^{\Delta}_{x_m} A\, \omega\, x \left[Y_S - \frac{c}{\omega x} Y_M \right].$$

Läßt man dasselbe Flügelelement am Stande rotieren und gibt ihm eine derartige Einstellung gegen die Drehebene, daß die Luft wieder um denselben Winkel δ abgelenkt wird, so erhält man einen Elementarschub

$$\Delta S_{St} = K^{\Delta}_{x_{St}} A\, \omega\, x\, Y_S .$$

Da das nämliche Flügelteilchen unter nach unseren Ergebnissen als vollkommen gleich anzusehenden Verhältnissen arbeitet, muß offenbar $\Delta S_m = \Delta S_{St}$ sein.

Hieraus folgt:

$$K^{\Delta}_{x_m} = K^{\Delta}_{x_{St}} \cdot \frac{Y_S}{Y_S - \frac{c}{\omega x} Y_M} \quad . \; . \; . \; . \; . \; . \qquad (37)$$

Für c = Null erhält man $K^{\Delta}_{x_m} = K^{\Delta}_{x_{St}}$.

Ist der Verlauf von $K^{\lrcorner}_{x}$ unter Zugrundelegung eines radialkonstanten Wertes von δ, durch Verstellen des Flügels, für verschiedene Ablenkungswinkel aus Standversuchen berechnet worden, so kann ohne weiteres der Verlauf von K_x als Funktion von c/ω ermittelt werden.

Für K_y erhält man auf Grund der vorausgehenden Überlegung

$$K^{\lrcorner}_{y_m} = K^{\lrcorner}_{y_{St}} \cdot \frac{Y_M}{Y_M + \frac{c}{\omega\, x} Y_S} \quad . \quad . \quad . \quad . \quad . \quad . \qquad (38)$$

Für c = Null erhält man wieder $K^{\lrcorner}_{y_m} = K^{\lrcorner}_{y_{St}}$.

Wir können also mit Hilfe der Gleichungen (37) und (38), falls uns der Verlauf von $K_{x_{St}}$ bzw. $K_{y_{St}}$ bekannt ist, die K_{x_m}- bzw. K_{y_m}-Kurve für beliebige Werte von c/ω berechnen. Sind wir einmal im Besitze einer durch die vorhergehend genannten Gleichungen berechneten K_{x_m}- bzw. K_{y_m}-Kurve, so können wir, wie früher gezeigt, auf graphischem Wege in einfachster Weise K_{x_m} bzw. K_{y_m} für jede andere Marschgeschwindigkeit bzw. Turenzahl ermitteln. — Hierdurch sind uns aber sämtliche zur Berechnung von Schub und Drehmoment erforderlichen Werte bekannt. Wir haben also tatsächlich das Problem der Schraube in Fahrt auf die ortsfeste Schraube zurückführen können.

Wir könnten dieses Verfahren für die früher untersuchten Profile I, I a, II a und V a ohne weiteres durchführen. — Dies würde aber über die, dieser Arbeit gesteckten Grenzen hinausgehen, hätte auch nur dann Wert, falls mit diesen Profilen auch Fahrtversuche unternommen würden. Auf den Wert derartiger Untersuchungen braucht wohl nicht besonders hingewiesen zu werden.

Die Ermittlung der K_x bzw. K_y für die einzelnen Teilelemente eines bestimmten Schraubenflügels mit Hilfe der Gleichungen 37 und 38 und hieraus die Bestimmung der Mittelwerte K_x und K_y über den ganzen Flügel ist allerdings eine zeitraubende und mühevolle Arbeit. Wir haben aber, sobald wir den Verlauf von K_{x_m} bzw. K_{y_m} für eine bestimmte Turenzahl kennen, auch vollkommenen Aufschluß über das Verhalten der Schraube unter beliebigen Arbeitsbedingungen. Die auf irgendeine Weise für eine bestimmte Turenzahl bekannten zwei Kurven K_{x_m} und K_{y_m} wollen wir als die Charakteristik der betreffenden Schraube bezeichnen. Es ist hierbei ganz gleichgültig, auf welche Weise wir zu der Charakteristik kamen, sei es durch einen Fahrtversuch oder den oben angedeuteten Rechnungsgang. Dadurch, daß wir auf zwei Wegen zur Charakteristik gelangen können, haben wir ein Mittel in der Hand, uns von der Richtigkeit unseres Verfahrens zu überzeugen.

Die Charakteristik der Schraube gibt uns jede Auskunft über das Verhalten derselben bei beliebigen Marschgeschwindigkeiten und Turenzahlen.

Wir wollen nun einen Vergleich ziehen zwischen der Kraftausnutzung bei der Standschraube und bei der Schraube im Marsche. Für ein Flügelelement der ortsfesten Schraube hatten wir:

$$\vartheta_{\Delta St} = \frac{K^{\Delta}_{x_{St}}}{K^{\Delta}_{y_{St}}} \; \frac{1}{x} \; \frac{Y_S}{Y_M}$$

Für die Marschschraube erhält man für ein Flächenteilchen

$$\vartheta_{\Delta m} = \frac{K^{\Delta}_{x_m}}{K^{\Delta}_{y_m}} \; \frac{1}{x} \; \frac{Y_S}{Y_M} \; \frac{1 - \frac{c}{\omega x} \frac{Y_M}{Y_S}}{1 + \frac{c}{\omega x} \frac{Y_S}{Y_M}}$$

Setzen wir nach Gleichung 37 und 38

$$K^{\Delta}_{x_m} = K^{\Delta}_{x_{St}} \frac{Y_S}{Y_S - \frac{c}{\omega x} Y_M}$$

$$K^{\Delta}_{y_m} = K^{\Delta}_{y_{St}} \frac{Y_M}{Y_M + \frac{c}{\omega x} Y_S}$$

so erhalten wir

$$\vartheta_{\Delta m} = \frac{K^{\Delta}_{x_{St}}}{K^{\Delta}_{y_{St}}} \cdot \frac{1}{x} \cdot \frac{Y_S}{Y_M} = \vartheta_{\Delta St} \; . \quad . \quad . \quad . \quad . \quad . \quad (39)$$

Die Kraftausnutzung beim Flächenelement im Marsche bleibt also solange konstant und gleich derjenigen für die ortsfeste Schraube, solange beidemal die Luft dieselbe Ablenkung erfährt.

Wir wollen nun versuchen, an Hand eines Beispieles einen Einblick in die Änderungen von ϑ bei wachsendem c/ω zu gewinnen. Wir benutzen hierzu die auf Seite 25 u. ff. untersuchte Schraube.

Betrachten wir z. B. das Flächenelement im Abstande 1,60 m von der Achse, so sehen wir aus der Tabelle auf Seite 26, daß δ am Stande $17^0\,30'$ beträgt. Mit Hilfe des Diagrammes Fig. 45 erhält man für Y_S/Y_M bei $17^0\,30'$ ungefähr 4,5. K_x/K_y ist für diesen Propeller für den Standversuch bekannt und ungefähr $1{,}44/0{,}96 \sim 1{,}50$. Man erhält also für $\vartheta_{\Delta St}$: $1{,}50 \cdot 4{,}50 \cdot 1/1{,}6 \sim 4{,}20$.

Es sei nun z. B. bei konstant gehaltener Drehzahl infolge einer fortschreitenden Bewegung der Ablenkungswinkel an dem betrachteten Flächenteilchen auf 10^0 gesunken. Y_S/Y_M ist, wie Diagramm 45 zeigt, gewachsen und beträgt nun ca. 7,5. Die Auswertung der Bendemannschen Messungen lehrte uns, daß K_x/K_y bei Winkeln von $20^0 \div 10^0$ wenig durch

δ beeinflußt wird. K_x/K_y wird also annähernd konstant geblieben sein und wir erhalten für die Kraftausnutzung nun $\vartheta_J' = 7{,}5 \cdot 1{,}50 \cdot 1/1{,}60 \sim 6{,}85$.

Es ist also eine ganz erhebliche Steigerung von ϑ eingetreten. Die Geschwindigkeit der fortschreitenden Bewegung wachse noch mehr, z. B. so, daß δ auf 3^0 sinkt. Y_S/Y_M ist dann gleich 5 geworden. K_x/K_y wird, wie die Diagramme 26—29 schließen lassen, nun ebenfalls abgenommen haben. Wir wollen schätzungsweise $K_x/K_y = 0{,}7$ setzen und erhalten für das neue ϑ_J'' : $5 \cdot 0{,}70 \cdot 1/1{,}6 \sim 2{,}2$. Werden die Winkel noch kleiner, so scheint K_x/K_y wieder zu wachsen.

Die Betrachtungen am Teilelemente können natürlich sinngemäß ohne weiteres auf den ganzen Flügel angewendet werden.

Das Bestreben des Konstrukteurs wird es nun sein, $\vartheta_{\Delta\max}$ gerade bei dem für die Schraube gewünschten c/ω zu erreichen. Hieraus folgt ohne weiteres, daß diejenige Schraube, welche am Stand ein sehr hohes ϑ erreicht, für die Fahrt eine schlechte Kraftausnutzung geben wird; denn die hohe Kraftausnutzung am Stande wurde dadurch erzielt, daß der Ausdruck $K_x/K_y \cdot Y_S/Y_M$ für $c = 0$ sein Maximum erreicht. Mit wachsendem c muß dann natürlich ein Abfall von ϑ eintreten. Wir werden später sehen, daß für den Wirkungsgrad eines Flügelelementes der Schraube in Fahrt die Beziehung gilt: $\eta_{J_F} = \vartheta_{J_F}\, c/\omega$, wobei natürlich für die Berechnung von ϑ_{J_F} die dem Werte c/ω entsprechende Ablenkung in Betracht kommt.

Eine Schraube mit hohem ϑ am Stande wird also einen schlechten Wirkungsgrad ergeben. Diese Erkenntnis ist übrigens, wenigstens in französischen Fachkreisen, schon längere Zeit bei der Konstruktion von Fahrtschrauben von maßgebender Bedeutung. So weist die bekannte Firma Chauvière in ihren Prospekten ausdrücklich darauf hin, daß ihre Propeller am Stande „schlecht ziehen". Die guten Wirkungsgrade dieser Schrauben sind anerkannt und werden sicher nur dadurch erreicht, daß das Maximum des Ausdruckes $(Y_S/Y_M \cdot K_x/K_y)$ in die Nähe des für die Schraube maßgebenden Wertes von c/ω gelegt wurde. Derartige Schrauben kommen in Fahrt auf erheblich höhere Turenzahlen als am Stande. In der untenstehenden Tabelle sind nach Angaben der Firma Chauvière die Werte der a_s, a_l und $C = R\,\vartheta$ für zweiflügelige Schrauben von vier verschiedenen Durchmessern zusammengestellt. Bezüglich der Werte a_s und a_l sei auf S. 33 verwiesen.

Durchmesser	1,00	2,30	3,00	5,00
Steigung	0,70	1,15	2,50	3,80
a_s	0,012	0,015	0,022	0,015
a_l	0,004	0,006	0,016	0,011
C	8,81	7,76	4,29	4,26

Die auffallend geringen Werte der C dieser Schrauben sind in die Augen springend; ergaben doch z. B. die von Bendemann untersuchten Elementarflügel ein C von über 12. Hier sei noch bemerkt, daß die vom L. Z. benutzten Luftschrauben ebenfalls ein sehr niederes C am Stande besitzen. Auch diese Propeller kommen in Fahrt auf erheblich höhere Drehzahlen und ergeben hohe Wirkungsgrade.

Wir wollen nun analytisch die Bedingung des $\vartheta^{J}{}_{max}$ für die Schraube im Marsche aufsuchen. Es ist

$$\vartheta^{J}{}_{m} = \frac{K^{J}_{x_m}}{K^{J}_{y_m}} \cdot \frac{1}{x} \cdot \frac{(1-\varepsilon)\sin\delta\,\omega\,x - c\,(1-(1-\varepsilon)\cos\delta)}{(1-\varepsilon)\sin\delta\,c + \omega\,x\,(1-(1-\varepsilon)\cos\delta)}$$

In diesem Ausdrucke ist bei gegebener Marschgeschwindigkeit und Tourenzahl nur noch der Ablenkungswinkel variabel, wenn wir vorerst wieder annehmen, daß K_x/K_y sowie ε durch eine Veränderung von δ nicht wesentlich beeinflußt werden. Wir behalten uns wieder eine spätere Berichtigung unserer Resultate mit Rücksicht auf die Veränderlichkeit von K_x/K_y vor. Um das Maximum des Wertes $\vartheta^{J}{}_{m}$ zu erhalten, bildet man wieder die erste Ableitung und setzt dieselbe gleich Null.

$$\frac{d\,\vartheta^{J}_{m}}{d\,\delta} = \frac{[(1-\varepsilon)\sin\delta\,c + \omega\,x\,(1-(1-\varepsilon)\cos\delta)]\,(1-\varepsilon)\,[\omega\,x\cos\delta - c\sin\delta] -}{[(1-\varepsilon)\sin\delta\,c + \omega\,x\,(1-(1-\varepsilon)\cos\delta)]^2}$$

$$\frac{[(1-\varepsilon)\sin\delta\,\omega\,x - c\,(1-(1-\varepsilon)\cos\delta)]\cdot(1-\varepsilon)\,(c\cos\delta + \omega\,x\sin\delta)}{} = 0$$

Dieser Ausdruck wird sicher zu Null, wenn man den Zähler desselben zu Null macht.

$$[(1-\varepsilon)\sin\delta\,c + \omega\,x\,(1-(1-\varepsilon)\cos\delta)]\,[\omega\,x\cos\delta - c\sin\delta] -$$
$$-[(1-\varepsilon)\sin\delta\,\omega\,x - c\,(1-(1-\varepsilon)\cos\delta)]\,[c\cos\delta + \omega\,x\sin\delta] = 0.$$

Durch Ausmultiplizieren erhält man nach einigem Zusammenfassen

$$\omega^2 x^2 \cos\delta - (1-\varepsilon)\,\omega^2 x^2 (\cos^2\delta + \sin^2\delta) - c^2 (1-\varepsilon)(\cos^2\delta + \sin^2\delta) + c^2\cos^2\delta = 0.$$

also

$$\cos\delta = 1 - \varepsilon$$

Wir sind also wieder zu demselben Ergebnisse gelangt wie bei der Schraube im Stande. Dieses Resultat ist übrigens eigentlich selbstverständlich; denn für eine bestimmte Fläche gibt es eben nur einen Winkel, bei welchem ϑ am größten wird, gleichgültig, auf welche Weise die Geschwindigkeit, mit der die Luft an dem Flächenteilchen verbeiströmt, erzeugt wurde, wie dies ja schon Gleichung (39) aussagt.

Um zu sehen, ob für den obigen Wert von $\cos\delta$ tatsächlich ein Maximum eintritt, ist noch die zweite Ableitung von ϑ nach δ zu bilden.

Für $\cos\delta = 1 - \varepsilon$ und $1 - \cos^2\delta = t$ erhält man:

$$\frac{d^2\vartheta}{d\,\delta^2} = -\frac{t^2\,[\omega\,x\,t + (1-\varepsilon)\,c]\,(\omega^2\,x^2 + c^2)}{[\omega\,x\,t^2 + (1-\varepsilon)\,c\,t]^4}$$

Dieser Ausdruck wird stets kleiner als Null. Es ist also für $\cos\delta = 1-\varepsilon$ tatsächlich ein Maximum vorhanden.

Wir haben uns bis jetzt mit der Kraftausnutzung ϑ beschäftigt, weil wir hierdurch einen direkten Vergleich mit der ortsfesten Schraube hatten.

Für die Marschschraube ist das Verhältnis der geleisteten Arbeit zur verbrauchten Arbeit, d. h. der Wirkungsgrad, von größerer Bedeutung. Man hat:

$$\eta = \frac{\text{geleistete Arbeit}}{\text{verbrauchte Arbeit}} = \frac{S.\,c}{M\,.\,\omega}$$

also

$$\eta_{\Delta F} = \frac{K^{\Delta}_{x_m}}{K^{\Delta}_{y_m}} \cdot \frac{c}{\omega\,x} \cdot \frac{(1-\varepsilon)\sin\delta\,\omega\,x - c\,(1-(1-\varepsilon)\cos\delta)}{(1-\varepsilon)\sin\delta\,c + \omega\,x\,(1-(1-\varepsilon)\cos\delta)} \quad . \quad (40)$$

Solange c/ω sich nicht ändert, tritt eine Veränderung des Ablenkungswinkels δ nicht ein. Wir haben im Vorhergehenden gefunden, daß, solange δ konstant bleibt, auch bei der Schraube in Fahrt die Koeffizienten K_x und K_y, also auch K_x/K_y konstant bleiben.

Der Wirkungsgrad eines Flügelelementes bleibt also ungeändert, solange sich das Verhältnis c/ω nicht ändert.

Diese Betrachtung kann ohne weiteres vom Teilelemente auf den ganzen Flügel übertragen werden.

Der Wirkungsgrad einer Schraube bleibt also konstant, solange sich c/ω nicht geändert hat.

Wir wollen einmal näher betrachten, welchen Verlauf $\eta_{\Delta F}$ mit wachsendem c nehmen wird, falls ω konstant bleibt. Mit Beziehung auf Gleichung (40) können wir für $\eta_{\Delta F}$ auch schreiben

$$\eta_{\Delta F} = \frac{K_{x_{\Delta St}}}{K_{y_{\Delta St}}} \cdot \frac{1}{x} \cdot \frac{Y_S}{Y_M} \cdot \frac{c}{\omega} = \vartheta_{\Delta St} \cdot \frac{c}{\omega} \quad . \; . \; . \; . \; . \; . \; . \; . \quad (40\,a)$$

Beim Beginne der fortschreitenden Bewegung (c gleich Null) ist bei günstigen Flügelformen der Ablenkungswinkel meist nicht größer als 16 Grad. Betrachtet man den für die Bendemannschen Profile gefundene Verlauf der K_x- bzw. K_y-Kurve, so sieht man, wie schon anläßlich der Besprechung der Kraftausnutzung erwähnt, daß bis zu einem gewissen Grade K_x/K_y nur ganz gering von der wachsenden Marschgeschwindigkeit beeinflußt wird. Auch für Y_s/Y_m haben wir gefunden, daß zwischen 12^0 und 6^0 der Einfluß, der durch die Verringerung der Ablenkungswinkel infolge Wachsens der Marschgeschwindigkeit entsteht, nur gering ist. Mit anderen Worten, es bleibt der Wert $K_x/K_y \cdot Y_s/Y_m$

bis zu einer gewissen Größe von c annähernd konstant. Die η-Kurve kann deshalb in einem bestimmten Bereiche der Marschgeschwindigkeit nicht wesentlich von einer durch den Nullpunkt gehenden Geraden verschieden sein. Aus unseren früheren Diagrammen sieht man, daß, falls die Verkleinerung der Ablenkungswinkel durch weiteres Anwachsen von c noch weiter getrieben wird, sowohl K_x/K_y als auch Y_s/Y_m erst langsam, dann sehr rasch abnehmen. Es ist also zweifellos, daß die η-Kurve für die gebräuchlichen Flügelformen den in Fig. 55 angedeuteten Charakter aufweisen muß.

Ist der Verlauf von η für eine bestimmte Turenzahl in Abhängigkeit von c bekannt, so kann, da sich ja η nicht ändert, solange c/ω konstant bleibt, der Verlauf der η-Kurve für jede andere Turenzahl bzw. Marschgeschwindigkeit auf einfachste Weise gefunden werden.

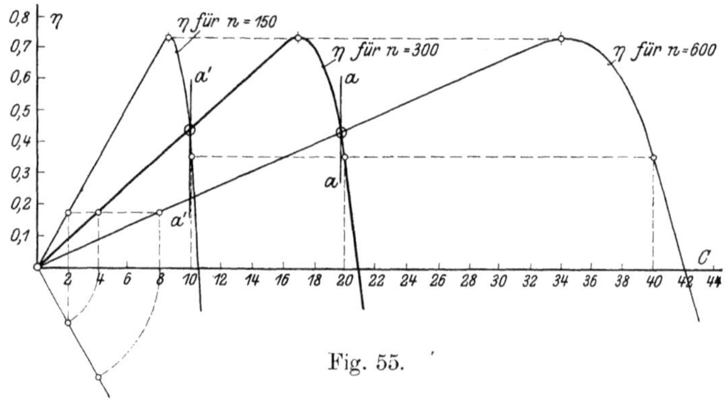

Fig. 55.

In der Fig. 55 stellt die stark ausgezogene Kurve den durch irgend welche Versuche bekannten Verlauf von η für n = 300 U/min dar. Die dünn eingezeichneten Kurven stellen dann beispielsweise den Verlauf der η-Kurve bei n = 150 bzw. n = 600 dar. Die Konstruktion der beiden Kurven ist aus dem Diagramm ersichtlich. Fig. 55 zeigt uns in anschaulicher Weise den Einfluß von c bzw. n auf den Wirkungsgrad von Schrauben. Betrachten wir z. B. die beiden Kurven n = 300 und n = 600, so sehen wir, daß bei n = 300 die Wirkungsgrade bei geringer Marschgeschwindigkeit denjenigen für die Drehzahl 600 weit überlegen sind. Mit wachsendem c erreicht jedoch die η-Kurve für n = 300 bald ihr Maximum und fällt dann sehr rasch ab. Im Diagramme ist z. B. bei 19,5 m/sec der Wirkungsgrad bei 300 gleich dem bei 600 Umdrehungen. Wächst c noch weiter, so fällt der Wirkungsgrad der Kurve für n = 300 rasch auf Null und erreicht sogar negative Werte, während der Wirkungsgrad für n = 600 noch stetig steigt, bis er bei c = 34 m/sec denselben Wert erreicht hat wie beim Maximum von η für n = 300, worauf dann ebenfalls ein starker Abfall eintritt. — Für links von a a liegende Werte von c ist mit der Drehzahl n = 300, für rechtsliegende mit n = 600 ein günstigeres η zu erreichen.

Für eine bestimmte Schraube gibt es einen festen Höchstwert von η. Dieser Höchstwert kann bei allen Marschgeschwindigkeiten erreicht werden durch geeignete Wahl der Drehzahl.

Das Maximum von η liegt bei einem ganz bestimmten Werte von c/ω. Ist dieser Wert c_0/ω_0 bekannt, so hat man ein Mittel in der Hand, η_{max} bei jeder Marschgeschwindigkeit zu erreichen. Für ω gilt die Bedingung

$$\omega = \left(\frac{\omega_0}{c_0}\right) c$$

d. h. die Winkelgeschwindigkeit muß proportional mit der Marschgeschwindigkeit erhöht werden, um stets beim maximalen η zu bleiben.

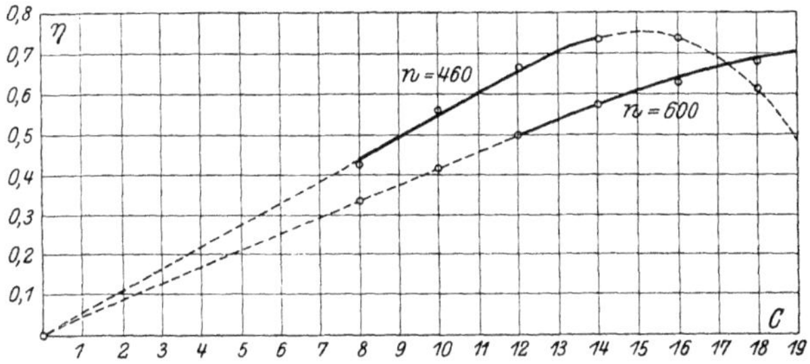

Fig. 56.

In Fig. 56 ist der Verlauf von η für den untersuchten Propeller als Funktion der Marschgeschwindigkeit aufgetragen. Man sieht, daß die Wirklichkeit mit unserer Theorie gut übereinstimmt. Der Verlauf der Kurve auf Fig. 56 ist eine Bestätigung unserer Ansicht, daß η sich nicht ändert, solange c/ω konstant bleibt. Die Turenzahlen verhalten sich wie 1 : 1,3. Es muß also für n = 600 z. B. bei 13 m/sec Marschgeschwindigkeit dasselbe η erreicht sein wie bei n = 460, bei c = 10 m/sec. Dies ist, wie ein Blick auf die Fig. 56 zeigt, auch tatsächlich der Fall. Im vorliegenden Falle ist der Bereich des Maximalwirkungsgrades bzw. des Abfalles von η noch nicht erreicht worden. η_{max} scheint für diesen Propeller ungefähr dann erreicht zu sein, wenn c/ω gleich 0,31 ist. Dieser Propeller (die Type wird nicht mehr verwendet) lief am Schiff mit ca. 600 Touren. Man wird also erst bei c = 20 m/sec η_{max} erreicht haben. Diese Geschwindigkeiten wurden damals nicht erreicht, man konnte deshalb auch den Abfall im Wirkungsgrad nicht konstatieren.

Es mag in manchem Leser Bedenken erregt haben, daß wir im Vorhergehenden auf Grund der wenigen uns zu Gebote stehenden Versuchswerte den Schritt von der Marschschraube zur Schraube am Stand gemacht haben. Es war dem Verfasser, da ihm ausreichendes Material nicht zur Verfügung stand, nicht möglich, den Verlauf der K_x- bzw. K_y-Kurven für andere Fahrtschrauben zu ermitteln. Er hätte es jedoch nicht gewagt, eine der herrschenden Ansicht so widersprechende Anschauung zu vertreten, wenn er nicht in der Lage gewesen wäre, ausreichende Beweise für die Richtigkeit derselben zu erbringen.

Die η-Kurve gibt uns ein Mittel hierzu, denn über den Verlauf der η-Kurve steht reichhaltiges und übereinstimmendes Material zur Verfügung. Hier sei nur auf die in der Denkschrift der Internationalen Luftschiffahrts-Ausstellung (Ila), Frankfurt a. M., von P. Béjeuhr mitgeteilten Ergebnisse der Luftschraubenuntersuchungen hingewiesen. Es ergab sich bei sämtlichen dort untersuchten Schrauben, daß η, solange c/ω nicht geändert wurde, konstant blieb. Der für unseren Versuchspropeller gefundene Verlauf von η ist also nicht etwa durch die Besonderheit der untersuchten Schraube bedingt, sondern ist für die Schraube im Marsche typisch. Hieraus ergibt sich aber ohne weiteres, daß K_x/K_y für sämtliche auf der Ila untersuchten Schrauben konstant gewesen sein muß, solange c/ω konstant blieb, d. h. so lange keine Veränderung in der Ablenkung der Luft eintrat; denn der Ausdruck:

$$\eta_{\lrcorner F} = \frac{K^{\lrcorner}_{x_m}}{K^{\lrcorner}_{y_m}} \cdot \frac{c}{\omega x} \cdot \frac{(1-\varepsilon)\sin\delta\,\omega x - c\,(1-(1-\varepsilon)\cos\delta)}{(1-\varepsilon)\sin\delta\, c + \omega x\,(1-(1-\varepsilon)\cos\delta)}$$

kann bei konstantem c/ω nur unverändert bleiben, falls K_x/K_y sich nicht ändert. Man könnte nun allerdings noch einwenden, daß zwar das Verhältnis K_x/K_y konstant bleibt, solange c/ω sich nicht ändert, die absoluten Größen von K_x/K_y jedoch sich noch ändern könnten. Für die Standschraube erscheint dies nach unseren Auswertungen der Bendemannschen Messungen als ausgeschlossen. Nachdem wir aber auf Grund des Verlaufes der K_x- bzw. K_y-Kurve der Lindenberger Standversuche zu einer sich mit den tatsächlichen Verhältnissen qualitativ vollkommen deckenden Anschauung über den Verlauf der η-Kurve gekommen sind, sind wir zu der Annahme berechtigt, daß unsere Folgerungen richtig sind.

Es bleibt nur noch die Frage offen, bei welchem Werte von c/ω das Maximum von η eintritt, d. h. wie die Turenzahl zu wählen ist, damit gerade bei der gewünschten Marschgeschwindigkeit das Maximum von η erreicht wird.

Ist uns durch Standversuche für verschiedene Anstellwinkel eines Flächenelementes der Verlauf von $K_{\lrcorner St}$ bzw. $K_{\lrcorner St}$ bekannt, so können wir hieraus mit Hilfe der Gleichung

$$\eta_{\lrcorner F} = \left(\frac{K_{x_{St}}}{K_{y_{St}}} \cdot \frac{1}{x}\,\frac{Y_S}{Y_M}\right)\frac{c}{\omega}$$

zunächst für eine beliebige konstante Turenzahl den Verlauf von $\eta_{\Delta F}$ berechnen und aufzeichnen. Hierdurch erhalten wir das mit dieser Schraube überhaupt erreichbare $\eta_{\Delta F\,max}$ sowie das Verhältnis c_0/ω_0, bei welchem der Höchstwert erreicht wird, und hieraus aus der Bedingung $\omega = (\omega_0/c_0)\,c$, die für die Marschgeschwindigkeit c anzuwendende Winkelgeschwindigkeit. Es scheint, daß man mit $\omega = 2\,c$ für die beim L. Z. gebräuchlichen Profile nahe an das maximale η herankommt. Selbstverständlich kann der Wert von ω_0/c_0 auch aus dem durch einen Fahrtversuch gefundenen Verlauf der η-Kurve ermittelt werden.

Wir wissen, daß wir mit Hilfe der Charakteristik jeden Aufschluß über das Verhalten einer Schraube bei beliebigen Arbeitsbedingungen erhalten können. Die Charakteristik der Schraube kann aber, wie wir dargetan haben, auf Grund der durch geeignete Standversuche gefundenen $K_{x\,St}$- bzw. $K_{y\,St}$-Kurven berechnet werden. Da in den Koeffizienten $K_{x\,St}$ bzw. $K_{y\,St}$ und ε, wie wir schon früher dargetan haben, sowohl der Einfluß von δ als auch derjenige der Flügelbreite sowie der speziellen Flügelform zum Ausdrucke kommt, genügt es, den Einfluß verschiedenartiger Abmessungen an Hand des Verlaufes der $K_{x\,St}$- bzw. $K_{y\,St}$-Kurven zu studieren. Mit Hilfe der Charakteristik lassen sich die so gewonnenen Ergebnisse dann leicht auf die Marschschraube übertragen. Hierdurch ist die theoretische Behandlung der Aufgabe außerordentlich vereinfacht, da die Verhältnisse bei der Schraube am Stande viel leichter zu übersehen sind.

Auf die Vorteile, welche sich hierdurch für die zur Klärung der Schraubenfrage unerläßlichen Versuche ergeben, braucht wohl nicht besonders hingewiesen zu werden. Außerdem sind mit Standschrauben schon eine Unzahl von mehr oder weniger genauen Messungen ausgeführt worden, deren Ergebnisse nun direkt auf die Marschschraube übertragen werden können. Die Lindenberger Messungen allein dürften bei planmäßiger Auswertung im Sinne der vorhergehenden Betrachtungen eine Reihe von wichtigen Aufschlüssen ergeben.

Die Ausführung der Integration für die Marschschraube mit radial konstanten Ablenkungswinkeln.[1])

Wir fanden, daß auch für das rotierende Flügelelement mit fortschreitender Bewegung das Maximum der Kraftausnutzung eintritt, falls $\cos\delta = 1 - \varepsilon =$ konstant ist. Allerdings haben wir dabei, wie schon

[1]) Der Verfasser hat im Jahre 1910 auch Formeln für Schrauben mit radial veränderlichem Ablenkungswinkel aufgestellt, welche in der Anwendung auf eine zweiflügelige Chauvière-Schraube gute Übereinstimmung mit den von der Firma gemachten Angaben über Schub und Leistung ergaben. — Hier soll jedoch von einer Veröffentlichung dieser Formeln abgesehen werden.

bei der Standschraube, den Einfluß des mit δ veränderlichen Wertes von K_x/K_y nicht berücksichtigen können. Hierzu sind noch eingehende Versuche vonnöten und es kann wie schon früher betont, eine, wenn auch anscheinend nicht wesentliche Verschiebung im Werte von δ eintreten. Zweifellos ist aber, daß die beste Kraftausnutzung erreicht wird, wenn radial konstante Ablenkungswinkel [1]) angewendet werden (dabei ist radial konstante Flügelbreite vorausgesetzt.)

Die Schraube bester Kraftausnutzung ist aber noch nicht die Schraube besten Wirkungsgrades. Denn es ist

$$\eta = \vartheta \cdot \frac{c}{\omega}$$

Es muß also die Turenzahl stets, wie früher dargetan, so gewählt werden, daß gerade bei der gewünschten Marschgeschwindigkeit der Höchstwert von η erreicht wird. Im folgenden sei vorausgesetzt, daß der den günstigsten Verhältnissen entsprechende Wert von c/ω bekannt ist.

Die Konstruktionseintrittssteigung einer Schraube mit radial konstantem Ablenkungswinkel ist mit Rücksicht auf stoßfreien Eintritt gegeben durch die Beziehung

$$S_E = 2\pi \frac{c}{\omega}$$

Für die Austrittssteigung erhält man bei konstantem Ablenkungswinkel δ_0

$$S_A = 2\pi \frac{1 - \operatorname{tg}\delta \dfrac{c}{\omega x}}{\operatorname{tg}\delta + \dfrac{c}{\omega x}}$$

Unsere allgemeinen Ansätze lauten:

$$\Delta S = \frac{\gamma}{g} K_x \Delta F V_0 [(1-\varepsilon)\sin\delta\,\omega x - c\,(1-(1-\varepsilon)\cos\delta)] \qquad (31)$$

$$\Delta P = \frac{\gamma}{g} K_y \Delta F V_0 [(1-(1-\varepsilon)\cos\delta)\,\omega x + c\,(1-\varepsilon)\sin\delta] \qquad (32)$$

$$\Delta M = \frac{\gamma}{g} K_y \Delta F V_0 \cdot x [(1-(1-\varepsilon)\cos\delta)\,\omega x + c\,(1-\varepsilon)\sin\delta] \qquad (33)$$

Bezeichnen wir die konstant angenommene Flügelbreite wieder mit β, die Flügelzahl mit Z und führen noch einen dieselbe berücksichtigenden Koeffizienten z ein, so lauten unsere Gleichungen für $V_0 = \sqrt{(\omega x)^2 + c^2}$,

[1]) Es darf hier vielleicht erwähnt werden, daß der Verfasser auf Grund der vorliegenden Untersuchungen im Jahre 1910 eine Marschschraube mit radial konstanten Ablenkungswinkeln konstruiert hat, zu einer Zeit, als ihm weder die Arbeit von Drzewiecki noch die Originalarbeit von Rateau bekannt war.

falls wir zum Differential übergehen und die Integration in den Grenzen $x = R_a$ und $x = R_i$ ausführen:

$$S = z \cdot Z \frac{\gamma}{g} K_x \beta \int_{x=R_i}^{x=R_a} \sqrt{(\omega x)^2 + c^2}\,[(1 - \varepsilon) \sin\delta\, \omega x - c\,(1 - (1 - \varepsilon)\cos\delta)]\, dx$$

$$P = z \cdot Z \frac{\gamma}{g} K_y \beta \int_{x=R_i}^{x=R_a} \sqrt{(\omega x)^2 + c^2}\,[(1 - (1 - \varepsilon)\cos\delta)\, \omega x + c\,(1 - \varepsilon)\sin\delta]\, dx$$

$$M = z \cdot Z \frac{\gamma}{g} K_y \beta \int_{x=R_i}^{x=R_a} \sqrt{(\omega x)^2 + c^2}\,[(1 - (1 - \varepsilon)\cos\delta)\, \omega x + c\,(1 - \varepsilon)\sin\delta]\, x\, dx$$

Wir erhalten für den Schub:

$$S = z \cdot Z \frac{\gamma}{g} K_x \beta\, \omega^2 \left[\frac{(1 - \varepsilon)\sin\delta}{3} \left\{ \left(\sqrt{R_a^2 + \left(\frac{c}{\omega}\right)^2} \right)^3 - \left(\sqrt{R_i^2 + \left(\frac{c}{\omega}\right)^2} \right)^3 \right\} - \frac{c}{\omega} \frac{1 - (1 - \varepsilon)\cos\delta}{2} \cdot \left\{ R_a \sqrt{R_a^2 + \left(\frac{c}{\omega}\right)^2} - R_i \sqrt{R_i^2 + \left(\frac{c}{\omega}\right)^2} + \left(\frac{c}{\omega}\right)^2 \ln \frac{R_a + \sqrt{R_a^2 + \left(\frac{c}{\omega}\right)^2}}{R_i + \sqrt{R_i^2 + \left(\frac{c}{\omega}\right)^2}} \right\} \right] \quad . \quad . \quad (41)$$

Die Umfangskraft ergibt sich zu:

$$P = z \cdot Z \frac{\gamma}{g} K_y \beta\, \omega^2 \left[\frac{1 - (1 - \varepsilon)\cos\delta}{3} \left\{ \left(\sqrt{R_a^2 + \left(\frac{c}{\omega}\right)^2} \right)^3 - \left(\sqrt{R_i^2 + \left(\frac{c}{\omega}\right)^2} \right)^3 \right\} + \frac{c}{\omega} \frac{(1 - \varepsilon)\sin\delta}{2} \left\{ R_a \sqrt{R_a^2 + \left(\frac{c}{\omega}\right)^2} - R_i \sqrt{R_i^2 + \left(\frac{c}{\omega}\right)^2} + \left(\frac{c}{\omega}\right)^2 \ln \frac{R_a + \sqrt{R_a^2 + \left(\frac{c}{\omega}\right)^2}}{R_i + \sqrt{R_i^2 + \left(\frac{c}{\omega}\right)^2}} \right\} \right] \quad . \quad . \quad (42)$$

Das Drehmoment wird:

$$M = z \cdot Z \frac{\gamma}{g} K_y \beta \omega^2 \left[\frac{1-(1-\varepsilon)\cos\delta}{4} \left\{ R_a{}^3 \sqrt{R_a{}^2 + \left(\frac{c}{\omega}\right)^2} \right. \right.$$

$$- R_i{}^3 \sqrt{R_i{}^2 + \left(\frac{c}{\omega}\right)^2} + \left(\frac{c}{\omega}\right)^2 \cdot \frac{1}{2} \left[R_a \sqrt{R_a{}^2 + \left(\frac{c}{\omega}\right)^2} \right.$$

$$\left. \left. - R_i \sqrt{R_i{}^2 + \left(\frac{c}{\omega}\right)^2} + \left(\frac{c}{\omega}\right)^2 \ln \frac{R_a + \sqrt{R_a{}^2 + \left(\frac{c}{\omega}\right)^2}}{R_i + \sqrt{R_i{}^2 + \left(\frac{c}{\omega}\right)^2}} \right] \right\}$$

$$\left. + \frac{c}{\omega} \frac{(1-\varepsilon)\sin\delta}{3} \left\{ \left(\sqrt{R_a{}^2 + \left(\frac{c}{\omega}\right)^2} \right)^3 - \left(\sqrt{R_i{}^2 + \left(\frac{c}{\omega}\right)^2} \right)^3 \right\} \right] \qquad (43)$$

Für c gleich Null gehen diese Gleichungen in unsere Formeln für die Standschraube mit konstantem Ablenkungswinkel über.

Solange c/ω nicht geändert wird, bleiben sowohl K_x bzw. K_y als auch die Ausdrücke in den eckigen Klammern konstant. Unsere Gleichungen (41), (42) und (43) sagen uns also, daß bei der Schraube im Marsche Schub, Umfangskraft und Drehmoment, so lange c/ω konstant gehalten wird, mit dem Quadrate der Winkelgeschwindigkeit zunehmen, denn offenbar können wir in diesem Falle schreiben

$$S = \omega_2 c_S$$
$$P = \omega_2 c_P$$
$$M = \omega_2 c_M$$

Der Wirkungsgrad η kann sich dabei natürlich nicht geändert haben. Diagramm Fig. 57 veranschaulicht beispielsweise den Verlauf von S, M und η bei konstantem $c/\omega = 0{,}20$. Ist uns die Charakteristik der Schraube bekannt, so können wir die Werte c_s, c_p und c_M z. B. unter Annahme einer konstanten Winkelgeschwindigkeit für verschiedene Marschgeschwindigkeiten berechnen und als Funktion von c graphisch auftragen. Mit Hilfe dieser Kurven können wir dann die Werte der c_s, c_p und c_M für beliebige Werte c/ω zeichnerisch, wie früher erläutert, auf einfache Weise ermitteln. Jede im Diagramm Fig. 57 durch die Achse Z gelegte Ebene stellt einen gewissen Wert von c/ω dar. Für jede derartige Ebene können wir mit Hilfe der c_s-, c_p- und c_n-Kurven die zugehörigen S-,P-,M-Kurven augenblicklich zeichnen. Im Diagramm ist z. B. noch die Ebene, welche $c/\omega = 0{,}40$ entspricht, eingezeichnet und mit Hilfe der in der Ebene Z_Y eingetragenen, als bekannt angenommenen η-Kurve das zugehörige η ermittelt. Um die Deutlichkeit nicht zu beein-

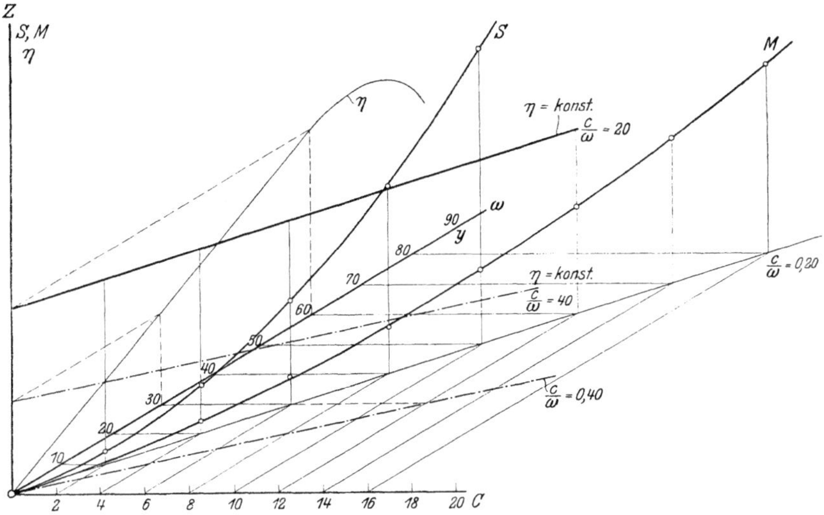

Fig. 57.

trächtigen, ist von der Darstellung der zugehörigen S- und M-Kurven abgesehen.

Bei bis zur Nabe geführten Schraubenflügeln wird R_i = Null, und unsere Gleichungen lauten:

$$S = z \cdot Z \frac{\gamma}{g} K_x \beta \omega^2 \left[\frac{(1-\varepsilon)\sin\delta}{3} \left\{ \left(\sqrt{R_a^2 + \left(\frac{c}{\omega}\right)^2} \right)^3 - \left(\frac{c}{\omega}\right)^3 \right\} \right.$$

$$- \frac{c}{\omega} \frac{1-(1-\varepsilon)\cos\delta}{2} \left\{ R_a \sqrt{R_a^2 + \left(\frac{c}{\omega}\right)^2} \right.$$

$$\left. \left. + \left(\frac{c}{\omega}\right)^2 \ln \frac{\omega}{c} \left(R_a + \sqrt{R_a^2 + \left(\frac{c}{\omega}\right)^2} \right) \right\} \right] \quad . \; . \; . \quad (41\,\mathrm{a})$$

$$P = z \cdot Z \frac{\gamma}{g} K_y \beta \omega^2 \left[\frac{1-(1-\varepsilon)\cos\delta}{3} \left\{ \left(\sqrt{R_a^3 + \left(\frac{c}{\omega}\right)^2} \right)^3 - \left(\frac{c}{\omega}\right)^3 \right\} \right.$$

$$+ \frac{c}{\omega} \frac{(1-\varepsilon)\sin\delta}{2} \left\{ R_a \sqrt{R_a^2 + \left(\frac{c}{\omega}\right)^2} \right.$$

$$\left. \left. + \left(\frac{c}{\omega}\right)^2 \ln \frac{\omega}{c} \left(R_a + \sqrt{R_a^2 + \left(\frac{c}{\omega}\right)^2} \right) \right\} \right] \quad . \; . \; . \quad (42\,\mathrm{a})$$

$$M = z \cdot Z \frac{\gamma}{g} K_y \beta \omega^2 \left[\frac{1-(1-\varepsilon)\cos\delta}{4} \left\{ R_a^3 \sqrt{R_a^2 + \left(\frac{c}{\omega}\right)^2} \right.\right.$$

$$\left. + \frac{1}{2}\left(\frac{c}{\omega}\right)^2 \left[R_a \sqrt{R_a^2 + \left(\frac{c}{\omega}\right)^2} + \left(\frac{c}{\omega}\right)^2 \ln \frac{\omega}{c} \left(\sqrt{R_a^2 + \left(\frac{c}{\omega}\right)^2} + R_a\right)\right]\right\}$$

$$\left. + \frac{c}{\omega}\frac{(1-\varepsilon)\sin\delta}{3} \left\{\left(\sqrt{R_a^2 + \left(\frac{c}{\omega}\right)^2}\right)^3 - \left(\frac{c}{\omega}\right)^3\right\}\right] \quad . \quad . \quad (43\,a)$$

In den meisten praktisch vorkommenden Fällen kann das Quadrat sowie die dritte Potenz von c/ω gegen R_a^2 vernachlässigt werden. Auch der Ausdruck

$$\left(\frac{c}{\omega}\right)^2 \ln \frac{\omega}{c} \left(R_a + \sqrt{R_a^2 + \left(\frac{c}{\omega}\right)^2}\right) \text{ beträgt höchstens}$$

$$2\,\% \text{ von } Ra \sqrt{Ra^2 + \left(\frac{c}{\omega}\right)^2} \text{ und}$$

kann für eine überschlägige Berechnung außer acht gelassen werden. Unsere Gleichungen lauten mit diesen Kürzungen:

$$S = z Z \frac{\gamma}{g} K_x \beta \omega^2 R_a^2 \left[\frac{(1-\varepsilon)\sin\delta}{3} R_a - \frac{c}{\omega}\frac{1-(1-\varepsilon)\cos\delta}{2}\right] \quad (41')$$

$$P = z Z \frac{\gamma}{g} K_y \beta \omega^2 R_a^2 \left[\frac{1-(1-\varepsilon)\cos\delta}{3} R_a + \frac{c}{\omega}\frac{(1-\varepsilon)\sin\delta}{2}\right] \quad (42')$$

$$M = z Z \frac{\gamma}{g} K_y \beta \omega^2 R_a^3 \left[\frac{1-(1-\varepsilon)\cos\delta}{4} R_a + \frac{c}{\omega}\frac{(1-\varepsilon)\sin\delta}{3}\right] \quad (43')$$

Für η erhält man aus den gekürzten Gleichungen (41) und (43)

$$\eta = \frac{K_x}{K_y} \cdot \frac{\frac{1}{3}(1-\varepsilon)\sin\delta\, R_a - \frac{1}{2}\frac{c}{\omega}(1-(1-\varepsilon)\cos\delta)}{\frac{1}{3}(1-\varepsilon)\sin\delta\frac{c}{\omega} + \frac{1}{4} R_a (1-(1-\varepsilon)\cos\delta)} \quad . \quad (44)$$

Es ist uns also gelungen, auch für die Schraube in Fahrt einfache und übersichtliche Formeln zu finden, welche schon bei der heutigen Kenntnis des Verlaufes von K_x bzw. K_y dem Konstrukteur brauchbare Anhaltspunkte geben.

Der Verfasser verzichtet an dieser Stelle auf die Wiedergabe von Zahlenwerten über die Größen K_x, K_y und z, von der Ansicht ausgehend, daß es hier nur darauf ankommt, daß der Leser ein gutes Bild vom qualitativen Verlauf der Koeffizienten gewinnt. Die Angabe von „Erfahrungswerten", die zurzeit übrigens doch teilweise noch zweifelhafter Natur wären, würde Manchen davon abhalten, tiefer in das Wesen der die Strömung an Schraubenflügeln beeinflussenden Faktoren einzudringen.

Dies wäre aber mit Rücksicht auf die heute herrschenden oft noch recht unklaren Vorstellungen über die Wirkungsweise der Luftschrauben zu bedauern.

Schub, Drehmoment, Wirkungsgrad der Marschschraube bei verschiedenen Arbeitsbedingungen.

Die im vorhergehenden Kapitel abgeleiteten Formeln zur Berechnung des Schubes bzw. des Drehmomentes sind nur anwendbar für den, der zu entwerfenden Schraube zugrunde gelegten Arbeitszustand c_0/ω_0. Sobald c/ω einen von c_0/ω_0 verschiedenen Wert annimmt, verändern sich die Ablenkungswinkel δ, und die oben erwähnten Formeln verlieren ihre Gültigkeit.

Wir wollen im folgenden noch etwas näher auf die Veränderung von Schub und Drehmoment infolge verschiedener Werte von c/ω eingehen. An Hand eines Beispieles soll gezeigt werden, auf welche Weise man mit einfachen Mitteln die verschiedenen Betriebszustände einer Schraube in Fahrt untersuchen kann.

Um das Verhalten einer Schraube bei verschiedenen Marschgeschwindigkeiten bzw. Turenzahlen studieren zu können, müssen wir zuerst eine Vorstellung über den Einfluß einer Änderung von c/ω auf die Ablenkungswinkel erhalten. Der beim Entwurf der Schraube zugrunde gelegte Betriebszustand soll im folgenden stets durch den Index 0 von den aus zufälligen Verhältnissen sich ergebenden Arbeitsbedingungen unterschieden werden.

Die Richtung der einströmenden Luft im Abstande x von der Achse ist gegeben durch die Beziehung

$$\operatorname{tg} \alpha_e = \frac{c}{\omega x}$$

Die Richtung der ausströmenden Luft ist gekennzeichnet durch den Winkel

$$\alpha_A = \operatorname{arc\,tg} \frac{c_0}{\omega_0 x} + \delta_0$$

Die Ablenkung, welche die Luft im Abstande x von der Achse beim Durchströmen der Schraube erfahren hat, ist

$$\delta = \alpha_A - \alpha_e$$

Für die von uns behandelte Schraube ist δ_0 über den ganzen Flügel konstant. Das unten gegebene Rechnungsverfahren kann aber auf Schrauben ganz beliebiger Eintritts- bzw. Ablenkungswinkel angewendet werden:

Im Diagramm Fig. 58 ist der Verlauf von α_e für verschiedene Werte von c/ω als Funktion von x eingezeichnet. Trägt man sich in dieses Dia-

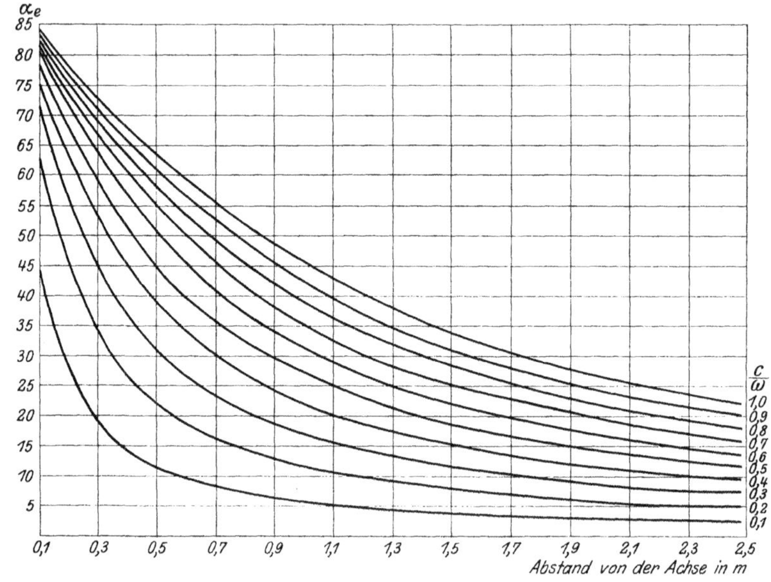

α_e
85
80
75
70
65
60
55
50
45
40
35
30
25
20
15
10
5
0,1
0,3
0,5
0,7
0,9
1,1
1,3
1,5
1,7
1,9
2,1
2,3
2,5
Abstand von der Achse in m
$\frac{c}{\omega}$
1,0
0,9
0,8
0,7
0,6
0,5
0,4
0,3
0,2
0,1

Fig. 58.

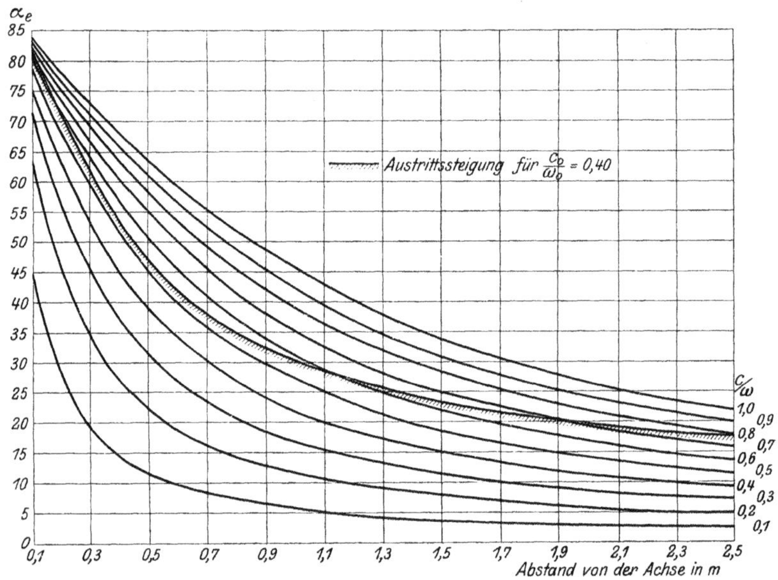

α_e
85
80
75
70
65
60
55
50
45
40
35
30
25
20
15
10
5
0
0,1
0,3
0,5
0,7
0,9
1,1
1,3
1,5
1,7
1,9
2,1
2,3
2,5
Abstand von der Achse in m
Austrittssteigung für $\frac{c_0}{\omega_0} = 0,40$
c/ω
1,0
0,9
0,8
0,7
0,6
0,5
0,4
0,3
0,2
0,1

Fig. 59.

gramm den Verlauf der Austrittswinkel für irgendeine Schraube ein, so kann man für beliebige Werte von c/ω sofort die entsprechenden Ablenkungswinkel herausgreifen.

In Fig. 59 ist beispielsweise der Verlauf von α_A für eine Schraube von $\delta_0 = 8^0$ bei $c_0/\omega_0 = 0{,}40$ eingetragen. Die Fig. 60 veranschaulicht den Verlauf von δ für diese Schraube bei verschiedenen Arbeitsverhältnissen von $c/\omega = 0$ bis $c/\omega = 1{,}0$. Die als Ordinaten aufgetragenen Werte von

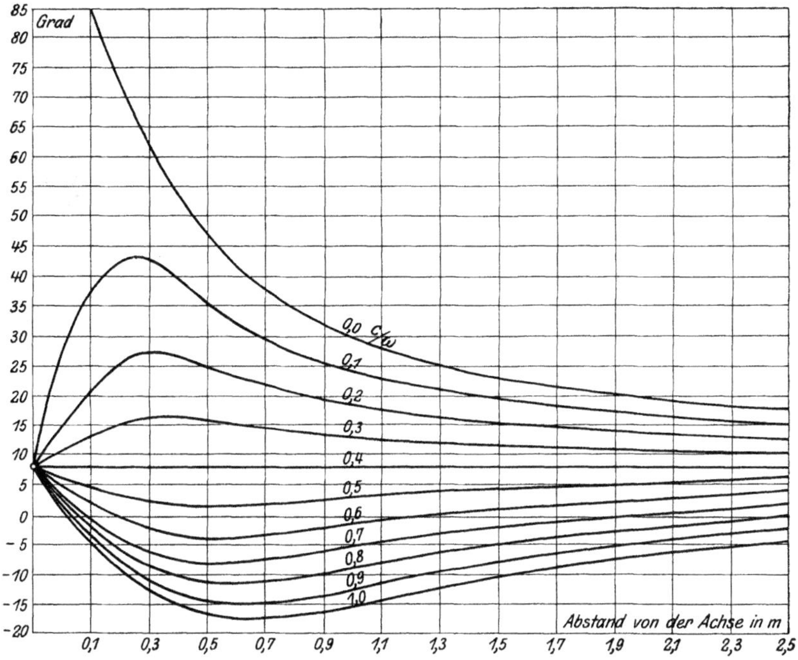

Fig. 60.

δ sind direkt aus dem Einströmungsdiagramme herausgegriffen. Für die Konstruktionsgrundlage c_0/ω_0 erhält man natürlich eine zur Achse parallele Gerade im Abstande $\delta_0 = 8^0$.

Das Beispiel dürfte auf anschauliche Weise gezeigt haben, wie mit Hilfe des Einströmungsdiagrammes der Verlauf von δ für beliebige Arbeitsbedingungen ermittelt werden kann. Das Diagramm kann für Schrauben bis 5 m Durchmesser benutzt werden.

Wir wollen nun für einen Schraubendurchmesser von 5,2 m und einen konstanten Ablenkungswinkel $\delta_0 = 8^0$ den Verlauf von S, M und η als Funktion von c/ω ermitteln.

Die Rechnung führen wir durch für $c_0/\omega_0 = 0{,}20$; $c_0/\omega_0 = 0{,}40$ und $c_0/\omega_0 = 0{,}60$. Wir haben also drei Schrauben verschiedener Steigung.

x	$\frac{c}{\omega} = 0{,}1$		0,2		0,3		0,4	
	$\frac{c}{\omega}\cdot\frac{1}{x}$	$\sqrt{1+\left(\frac{c}{\omega x}\right)^2}$	$\frac{c}{\omega}\cdot\frac{1}{x}$	$\sqrt{1+\left(\frac{c}{\omega x}\right)^2}$	$\frac{c}{\omega}\cdot\frac{1}{x}$	$\sqrt{1+\left(\frac{c}{\omega x}\right)^2}$	$\frac{c}{\omega}\cdot\frac{1}{x}$	$\sqrt{1+\left(\frac{c}{\omega x}\right)^2}$
0,1	1,000	1,415	2,000	2,24	3,000	3,160	4,000	4,120
0,3	0,334	1,055	0,668	1,21	1,000	1,410	1,330	1,660
0,5	0,200	1,020	0,400	1,08	0,600	1,170	0,800	1,280
0,7	0,143	1,010	0,286	1,04	0,429	1,090	0,571	1,150
0,9	0,111	1,000	0,222	1,02	0,330	1,050	0,444	1,092
1,1	0,091	1,000	0,182	1,01	0,273	1,035	0,364	1,065
1,3	0,0770	1,000	0,154	1,00	0,231	1,025	0,308	1,047
1,5	0,0667	1,000	0,133	1,00	0,200	1,020	0,266	1,034
1,7	0,0588	1,000	0,117	1,00	0,177	1,015	0,235	1,028
1,9	0,0527	1,000	0,105	1,00	0,158	1,010	0,210	1,021
2,1	0,0477	1,000	0,095	1,00	0,143	1,010	1,091	1,017
2,3	0,0435	1,000	0,087	1,00	0,131	1,000	0,174	1,015
2,5	0,0400	1,000	0,080	1,00	0,120	1,000	0,150	1,010

Sämtlichen Schrauben legen wir die folgenden gemeinsamen Annahmen zugrunde:

$$\beta = 0{,}40 \text{ m}; \quad Z = 1; \quad z = 1; \quad \varepsilon = 0{,}01$$

$$R_a = 2{,}6 \text{ m}; \quad R_i = 0{,}1 \text{ m}; \quad K_x = 1; \quad K_y = 1; \quad \frac{\gamma}{g} = \frac{1}{8}.$$

Wir denken uns den Flügel in Streifen von 0,20 m, radial gemessen, zerlegt. Der Beitrag eines Flächenteilchens ΔF im Abstande x von der Achse zum Schub bzw. Drehmoment ist nach Gleichung (31) und (33):

$$\Delta S = \frac{\gamma}{g} K_x \Delta F V_0 \omega x \left[Y_S - \frac{c}{\omega x} Y_M\right]$$

$$\Delta M = \frac{\gamma}{g} K_y \Delta F V_0 \omega x^2 \left[Y_M + \frac{c}{\omega x} Y_S\right]$$

$$V_0 = \sqrt{\omega^2 x^2 + c^2}$$

x	ϑ	Y_S	Y_M	$\sqrt{1+\left(\frac{c}{\omega x}\right)^2}$	$\frac{c}{\omega x}$	$Y_S - Y_M \frac{c}{\omega x}$
0,3	27,0	0,450	0,120	1,21	0,668	0,370
0,5	24,6	0,415	0,100	1,08	0,400	0,753
0,7	22,0	0,370	0,080	1,04	0,286	0,342
0,9	19,4	0,330	0,066	1,01	0,222	0,315
1,1	17,6	0,300	0,058	1,00	0,182	0,289
1,3	16,5	0,280	0,050	1,00	0,154	0,272
1,5	15,5	0,265	0,046	1,00	0,133	0,259
1,7	14,9	0,253	0,044	1,00	0,117	0,248
1,9	14,0	0,240	0,042	1,00	0,105	0,235
2,1	13,6	0,230	0,040	1,00	0,095	0,226
2,3	13,1	0,220	0,038	1,00	0,087	0,217
2,5	12,6	0,215	0,035	1,00	0,080	0,212

0,5		0,6		0,7		0,8	
$\frac{c}{\omega}\cdot\frac{1}{x}$	$\sqrt{1+\left(\frac{c}{\omega x}\right)^2}$	$\frac{c}{\omega}\cdot\frac{1}{x}$	$\sqrt{1+\left(\frac{c}{\omega x}\right)^2}$	$\frac{c}{\omega}\cdot\frac{1}{x}$	$\sqrt{1+\left(\frac{c}{\omega x}\right)^2}$	$\frac{c}{\omega}\cdot\frac{1}{x}$	$\sqrt{1+\left(\frac{c}{\omega x}\right)^2}$
5,000	5,090	6,000	6,070	7,000	7,060	8,000	8,05
1,670	1,945	2,200	2,420	2,340	3,550	2,670	2,85
1,000	1,410	1,200	1,530	1,400	1,720	1,600	1,88
0,715	1,230	0,857	1,317	1,000	1,410	1,143	1,52
0,555	1,145	0,660	1,196	0,777	1,268	0,888	1,34
0,455	1,100	0,546	1,140	0,637	1,185	0,728	1,24
0,385	1,072	0,462	1,100	0,539	1,135	0,616	1,17
0,333	1,052	0,400	1,078	0,466	1,100	0,542	1,14
0,244	1,042	0,353	1,061	0,411	1,081	0,471	1,10
0,263	1,033	0,316	1,050	0,368	1,066	0,421	1,08
0,238	0,027	0,286	1,040	0,333	1,052	0,382	1,07
0,217	1,022	0,261	1,032	0,302	1,044	0,348	1,06
0,200	1,020	0,240	1,028	0,280	1,038	0,320	1,05

Mit unseren Zahlenwerten erhalten wir:

$$\Delta S = 0{,}01\,\omega^2 x^2 \sqrt{1+\left(\frac{c}{\omega x}\right)^2}\left(Y_S - \frac{c}{\omega x} Y_M\right)$$

$$\Delta M = 0{,}01\,\omega^2 x^3 \sqrt{1+\left(\frac{c}{\omega x}\right)}\left(Y_M + \frac{c}{\omega x} Y_S\right)$$

Die Werte von $\sqrt{1+(c/\omega x)^2}$ sowie von $c/\omega x$ sind für die in Betracht kommenden Werte von c/ω ein für allemal ausgerechnet worden und in der obenstehenden Tabelle zusammengestellt.

Zur raschen Ermittlung von Y_S, Y_M und Y_S/Y_M dient das Diagramm Fig. 61, aus welchem die jeweiligen Werte der Y_S und Y_M sofort entnommen werden können. Die Rechnung erfolgt am besten in Tabellenform, etwa nach dem nachstehenden Schema.

$0{,}01\,\omega^2 x^2$	ΔS	$Y_M + \frac{c}{\omega x} Y_S$	$0{,}01\,\omega^2 x^3$	ΔM	Bemerkungen
2,25	1,00	0,420	0,67	0,34	$\frac{c_0}{\omega_0} = 0{,}40$
6,25	2,53	0,266	3,13	0,90	
12,30	4,35	0,186	8,60	1,66	$\frac{c}{\omega} = 0{,}20$
20,30	6,51	0,139	18,30	2,59	
30,30	8,90	0,113	33,40	3,82	
42,30	11,50	0,093	55,0	5,11	$\eta = \frac{S}{M}\cdot\frac{c}{\omega}$
56,20	14,60	0,081	84,20	6,80	
72,20	18,00	0,073	123,01	8,97	$= \frac{174{,}99}{94{,}64}\cdot 0{,}20$
90,20	21,20	0,067	171,50	12,55	
110,0	24,80	0,062	231,00	14,30	$= 0{,}369$
132,0	28,60	0,057	303,00	17,30	
156,0	33,00	0,052	390,00	20,30	
$\Sigma\,\Delta S$ =	174,99		$\Sigma\,\Delta M$ =	94,64	

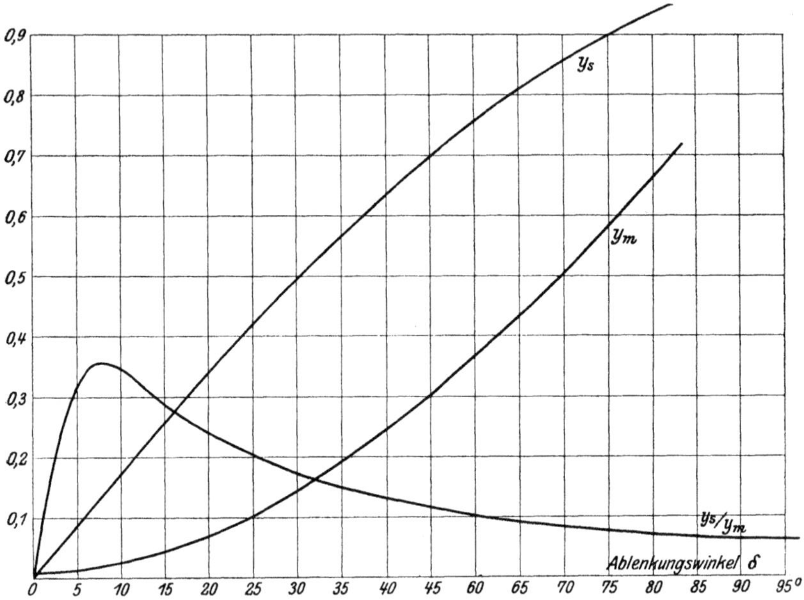
0,9
0,8
0,7
0,6
0,5
0,4
0,3
0,2
0,1
y_s
y_m
y_s/y_m
Ablenkungswinkel δ
0 5 10 15 20 25 30 35 40 45 50 55 60 65 70 75 80 85 90 95°

Fig. 61.

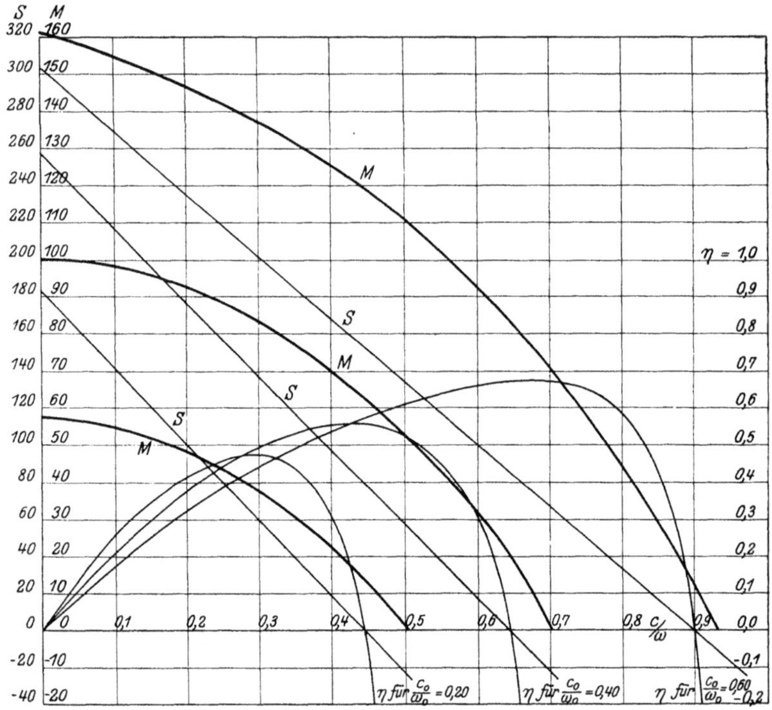
S M
320 160
300 150
280 140
260 130
240 120
220 110
200 100
180 90
160 80
140 70
120 60
100 50
80 40
60 30
40 20
20 10
0 0
-20 -10
-40 -20
M
S
M
S
M
S
η = 1,0
0,9
0,8
0,7
0,6
0,5
0,4
0,3
0,2
0,1
0,0
-0,1
-0,2
0,1 0,2 0,3 0,4 0,5 0,6 0,7 0,8 c/ω 0,9
η für $\frac{c_0}{\omega_0}$ = 0,20
η für $\frac{c_0}{\omega_0}$ = 0,40
η für $\frac{c_0}{\omega_0}$ = 0,60

Fig. 62.

Die Werte der S und M für die Werte von c/ω, welche c_0/ω_0 entsprechen, können natürlich aus den Gleichungen (41) und (43) ermittelt werden.

Im Diagramm Fig. 62 sind die auf die oben angegebene Weise berechneten Kurven für Schub, Drehmoment und Wirkungsgrad für die drei verschiedenen Schrauben wiedergegeben. Das Diagramm zeigt deutlich, daß mit wachsendem c_0/ω_0, also wachsender Steigung, der Wirkungsgrad, absolut genommen, zunimmt. Man sieht aber auch, daß mit zunehmender Steigung das Maximum des Wirkungsgrades immer weiter hinausrückt.

Die praktische Bedeutung dieser Erkenntnis wird uns am besten an einem Beispiele klar.

Der Fahrtwiderstand eines Motorluftschiffes sei derart, daß mit der zur Verfügung stehenden Leistung beim denkbar besten Wirkungsgrade der Kraftübertragung die Geschwindigkeit höchstens 17 m/sec betrage. Mit Rücksicht auf das Vorgelege und den ebenfalls aus konstruktiven Gründen beschränkten Propellerdurchmesser betrage die zulässige Mindestturenzahl der Schraube 600 U/min, also $c_0/\omega_0 = 17/62{,}5 = 0{,}270$. An diesem Schiffe wird unsere Schraube $c_0/\omega_0 = 0{,}20$ trotz ihres, absolut genommen, geringeren Wirkungsgrades eine bessere Kraftausnutzung gewähren als die Schraube $c_0/\omega_0 = 0{,}60$.

Nicht nur darauf kommt es an, möglichst hohe absolute Wirkungsgrade zu erzielen, sondern eine für den jeweilig vorliegenden Fall passende Schraube anzuwenden.

Für uns ergeben sich aus dem Diagramme Fig. 62 einige Regeln, welche beim Entwurf von Luftschrauben von großer Bedeutung sind.

1. Der Wirkungsgrad wächst mit wachsendem c_0/ω_0.

2. Es ist aus diesem Grunde anzustreben, stets die Turenzahl, soweit es aus konstruktiven Gründen möglich ist, niedrig zu halten.

3. Luftschrauben, welche im Bereiche eines niedrigen c/ω arbeiten, müssen kleine Steigung, Luftschrauben im Bereiche von großen Werten von c/ω müssen große Steigung erhalten.

4. Die Wirkungsgradskurven der Fig. 62 zeigen, daß das Maximum von η nicht bei dem jeweiligen Werte von c_0/ω_0 erreicht wird, sondern erst bei einem größeren Werte von c/ω. Hierauf ist beim Entwurfe ebenfalls Rücksicht zu nehmen. Eine Schraube, welche z. B. bei $c/\omega = 0{,}50$ ihr maximales η erreichen soll, muß, wie die Figur zeigt, falls die Berechnung nach der von uns angegebenen Weise erfolgen soll, für $c_0/\omega_0 = 0{,}40$ konstruiert werden. Ein Blick auf die Fig. 64 zeigt, daß dann allerdings für den Fall des maximalen η die Ablenkungswinkel kleiner als δ_0 sind und nach außen etwas zunehmen.

Bei der Berechnung der auf dem Diagramm Fig. 62 wiedergegebenen S-, M- und η-Kurven waren die beiden Koeffizienten K_x und K_y konstant und gleich 1 angenommen worden.

Wir wissen aus unseren früheren Untersuchungen über den Verlauf dieser Koeffizienten, daß dieselben stark vom Ablenkungswinkel beeinflußt werden, also sich mit veränderlichem Werte von c/ω ändern. Wir haben diese Abhängigkeit der Koeffizienten K_x und K_y an der auf Seite 70 u. ff. behandelten Schraube studiert und für zwei konstant gehaltene Drehzahlen als Funktion der Marschgeschwindigkeit dargestellt.

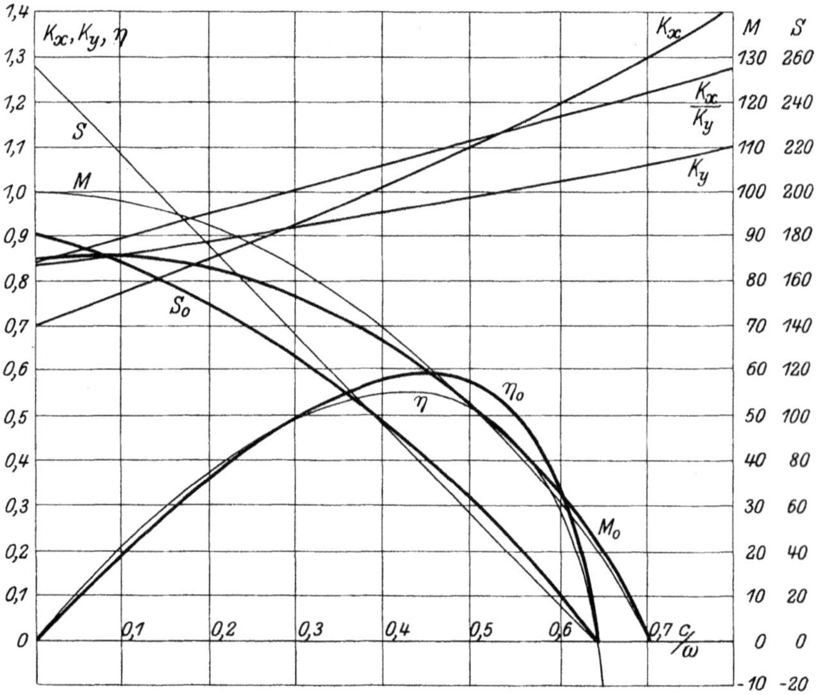

Fig. 63.

Wir wollen nun noch auf Grund des uns durch diese Untersuchungen qualitativ bekannten Verlaufes von K_x und K_y eine Korrektur der für K_x bezw. $K_y = 1$ berechneten Kurven vornehmen.

In der Fig. 63 sind nochmals die S-, M- und η-Kurven für $c_0/\omega_0 = 0{,}40$ eingezeichnet (dünn ausgezogene Linien). Außerdem ist, ebenfalls als Funktion von c/ω der Verlauf von K_x, K_y und K_x/K_y in dem Sinne eingetragen, wie er nach unseren früheren Ergebnissen zu erwarten ist.

Die tatsächlichen Werte von Schub, Drehmoment und Wirkungsgrad, S_0, M_0 und η_0 ergeben sich durch Multiplikation von S, M und η mit den entsprechenden Werten der K_x-, K_y und K_x/K_y. Man erhält hierdurch die kräftig eingetragenen Kurven S_0, M_0 und η_0.

Wie man aus Fig. 63 ersieht, ist der Einfluß der Veränderlichkeit von K_x und K_y mit dem Ablenkungswinkel so groß, daß man, falls man

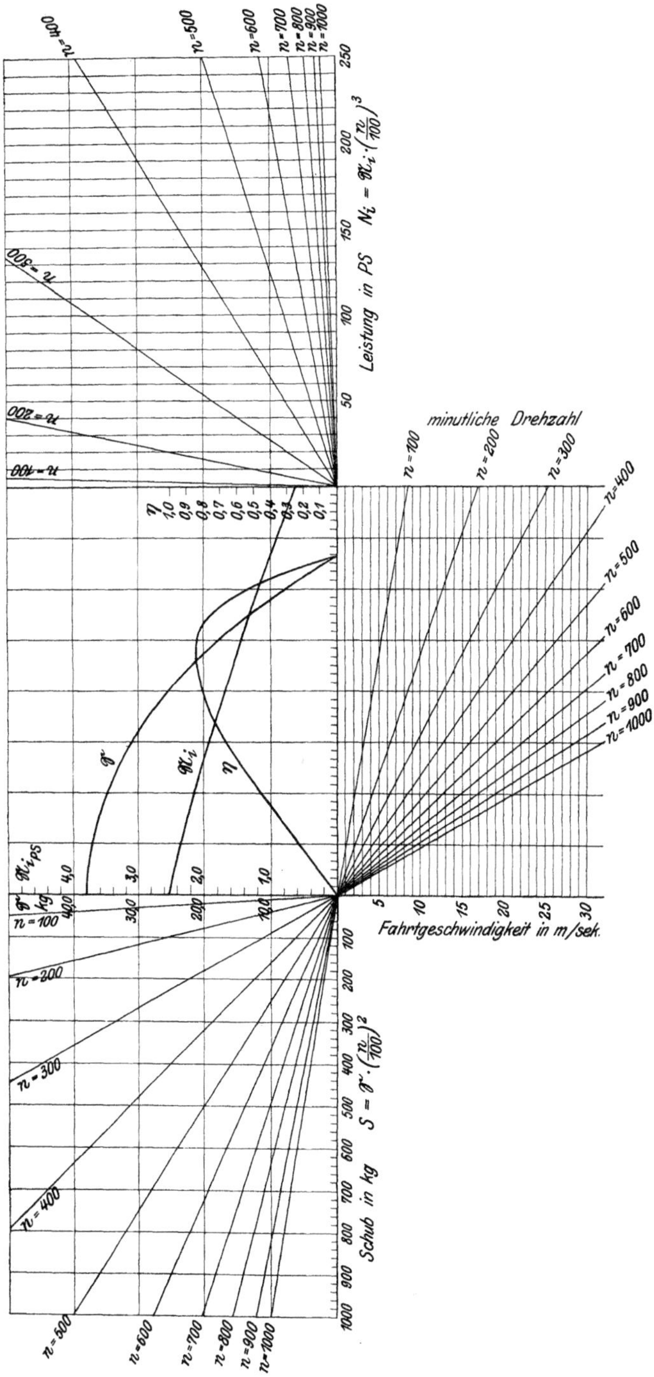
Leistung in PS
minutliche Drehzahl
Fahrtgeschwindigkeit in m/sek.
Schub in kg

Fig. 64.

ihn nicht berücksichtigen würde, zu wesentlich unrichtigen Anschauungen über den Verlauf der S- und M-Kurve gelangen würde.

Eine sehr einfache Darstellung des Zusammenhanges von Marschgeschwindigkeit, Drehzahl, Schub, Leistungsbedarf und Wirkungsgrad gibt Diagramm Abb. 64. Es ermöglicht unter Annahme von 2 der obigen Größen das sofortige Auffinden der 3 übrigen Unbekannten.

Der Gebrauch des Diagramms wird am besten an einem Beispiele klar. Die Kurven $\mathfrak{S}$ $\mathfrak{N}_i$ und η seien für eine bestimmte Schraube durch Messung oder Berechnung wie eingezeichnet gefunden worden. Gesucht seien z. B. Schub, Leistungsbedarf und Wirkungsgrad dieser Schraube bei 500 u/min und 21 m/sec Marschgeschwindigkeit.

Man geht vom Schnitte der Linien $n = 500$ mit $c = 21$ m/sec senkrecht nach oben bis zum Schnitte mit den Kurven $\mathfrak{S}$, $\mathfrak{N}_i$ und η. Um den Schub zu finden geht man vom Schnitt der vertikalen mit $\mathfrak{S}$ nach links bis zum Schnitte mit der Geraden $n = 500$ und liest auf der Abscissenachse einen Schub von 620 kg ab. Ebenso verfährt man auf der rechten Seite beim Aufsuchen der Leistung und erhält Ni = 210 PSi. Der Wirkungsgrad kann sofort abgelesen werden zu: $\eta = 0{,}80$.

Die Entstehung des Diagramms dürfte aus den vorhergehenden Kapiteln ohne Weiteres klar sein.

Der Wirkungsgrad von Luftschrauben in Abhängigkeit vom Schiffswiderstand. Einfluß des Schraubendurchmessers auf den ideellen Wirkungsgrad.

Unter der Voraussetzung einer über den ganzen Schraubenkreis gleichförmigen Strömungsgeschwindigkeit, also unendlicher Flügelzahl, ist der theoretisch im günstigsten Falle erreichbare Wirkungsgrad einer Luftschraube nach der bekannten Ableitung von Professor S. Finsterwalder

$$\eta_{i_{max}} = \frac{2}{1 + \sqrt{\frac{S \cdot 2}{\frac{\gamma}{g} F V^2} + 1}}$$

Hierbei ist S der Axialschub, V die Marschgeschwindigkeit und F der Inhalt des von den Flügelspitzen der Schraube beschriebenen Kreises Für die Schraube am Luftfahrzeug ist der Axialschub in jedem Augenblick gleich dem Fahrzeugwiderstande W. Man kann für den Widerstand von Luftfahrzeugen mit hinreichender Genauigkeit schreiben

$$W = c V^2$$

wobei c eine Konstante ist, die z. B. für das Z-Schiff „Schwaben“ durch Fahrtversuche [1]) zu 2,60 ermittelt wurde. — Für W = S erhält man

[1]) Zeitschr. f. Fl. u. M. 1911, Mitteilungen des Luftschiffbau Zeppelin, I

$$\eta_{i_{max}} = \frac{2}{1 + \sqrt{\frac{c \cdot 2}{\frac{\gamma}{g} F} + 1}} \quad \ldots \ldots (45)$$

Die Gleichung 45 sagt uns, daß ein und derselbe Propeller an Schiffen mit verschiedenem c bei denselben Marschgeschwindigkeiten

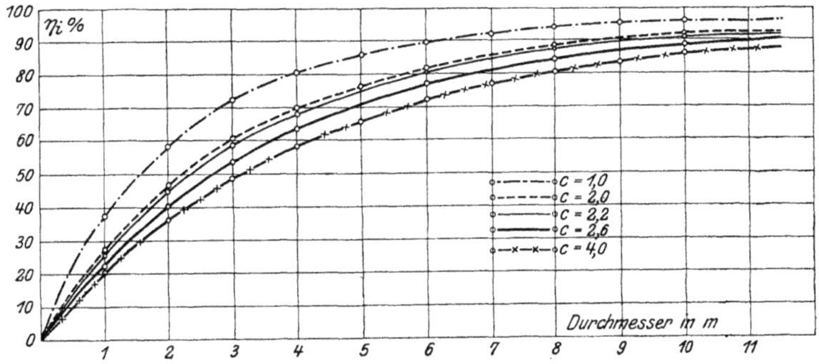

Fig. 65.

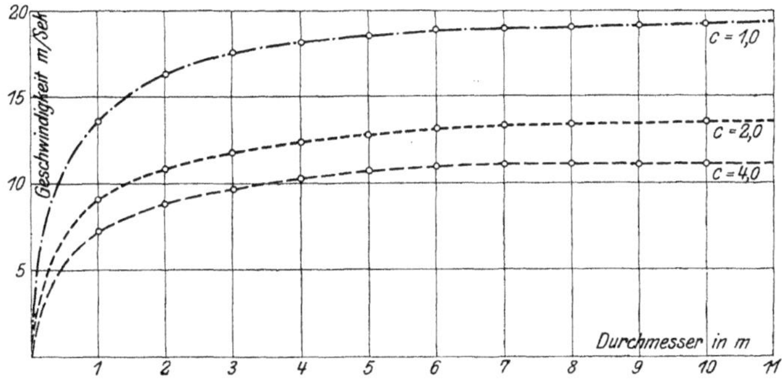

Fig. 66.

ganz verschiedene Wirkungsgrade haben kann. Mit wachsendem F nimmt der Wirkungsgrad zu. Die Diagramme Fig. 65 und 66 geben ein anschauliches Bild des Einflusses der Schiffskonstanten c bzw. des Schraubendurchmessers auf den im günstigsten Falle erreichbaren theoretischen Wirkungsgrad bzw. die mit einer bestimmten Leistung von z. B. 100 PS im günstigsten Fall erreichbaren ideellen Marschgeschwindigkeiten die natürlich mit dem früher als ideelle Marschgeschwindig digkeit bezeichneten Werte nichts zu tun haben. Die Kurven wurden mit Hilfe der Gleichung (45) berechnet. Man sieht aus dem Diagramm deutlich, daß mit wachsendem Durchmesser der Einfluß von c auf den Wirkungsgrad abnimmt. Außerdem ist klar ersichtlich, daß es wenig Wert hat, mit den Durchmessern von Fahrtschrauben über 6 m hinauszugehen.

Zusammenfassung.

Die allgemeinen Ansätze für das Flächenelement der Schraube in Fahrt werden abgeleitet und mit denjenigen für die stationäre Schraube verglichen. Die ideelle Marschgeschwindigkeit ergibt sich als proportional der Umfangsgeschwindigkeit und dem Werte Y_s/Y_m. Die Möglichkeit, durch Regulierung der Turenzahl die Kraftausnutzung bei verschiedenen Marschgeschwindigkeiten konstant zu halten, wird dargetan.

Die Koeffizienten K_x und K_y werden für eine Fahrtschraube auf Grund von Versuchen für zwei verschiedene Turenzahlen als Funktion der Marschgeschwindigkeit ermittelt. Diskussion der Ergebnisse.

Durch die Erkenntnis, daß K_x und K_y sich nicht ändern, solange c/ω konstant bleibt, wird das Problem der Marschschraube auf die ortsfeste Schraube zurückgeführt.

Die Charakteristik der Schraube. Beziehungen zwischen K_x und K_y am Stande und in Fahrt.

Es ergibt sich, daß auch für die Marschschraube die Verhältnisse für die Kraftausnutzung am günstigsten liegen, falls δ konstant ist.

Die Integration wird für die Schraube mit radial konstanten Ablenkungswinkeln ausgeführt und ergibt einfache und übersichtliche Formeln. Für die Schraube in Fahrt wachsen Schub und Drehmoment, solange c/ω konstant ist, mit dem Quadrate der Winkelgeschwindigkeit. Verhalten der Schraube im Marsche.

Graphische Darstellung des Zusammenhanges von S, N, η, n und c,

Zum Schluß wird auf Grund der Finsterwalderschen Formel für $\eta_{i_{max}}$ kurz auf den Wirkungsgrad der Schraube als Funktion des Fahrzeugwiderstandes eingegangen.

Schlußbemerkungen.

Die vorliegende Arbeit will keine umfassende Darstellung der Theorie und Berechnung der Luftschrauben geben. Sie ist entstanden aus dem Bestreben, mit einfachsten Mitteln an Hand von Versuchsmaterial einen Einblick in das Problem der Luftschraube zu gewinnen, der es gestattet, beim Entwurf von Propellern über das rein gefühlsmäßige Abwägen der maßgebenden Verhältnisse hinauszukommen.

Die Grundlage der Arbeit bildet das eingangs erwähnte Referat über die Rateausche Theorie. Außerdem wird öfters auf die bekannten von Professor Finsterwalder gegebenen Ableitungen Bezug genommen. Es mag vielleicht darin, daß wenig auf die einschlägige Literatur eingegangen wird, ein Mangel der Arbeit liegen. Die Tatsache, daß der Verfasser auf Grund der denkbar geringsten Voraussetzungen zu Resultaten kommt, welche sich vollkommen mit den zurzeit allgemein anerkannten Gesichtspunkten decken, darf vielleicht als Rechtfertigung des eingeschlagenen Weges angesehen werden.

Wie schon früher erwähnt, war es dem Verfasser nicht möglich, über Fahrtschrauben ähnlich reiches Material zu erhalten wie über die Schraube am Stande; es hätte auch an Zeit und Mitteln zu umfangreichen Auswertungen gefehlt. Sollten die Ausführungen in der vorliegenden Arbeit Veranlassung zu experimenteller Nachprüfung geben, so wäre der Zweck der Abhandlung erfüllt.

Vielleicht ist es nicht unangebracht, wenn am Schlusse einer Arbeit über die Luftschraubenfrage der Ansicht Ausdruck verliehen wird, daß es im eigensten Interesse der beteiligten Kreise der Industrie liegen würde, wenn die Ergebnisse der allerorts angestellten Versuche in geeigneter Weise veröffentlicht würden.

Die Luftschiffbau Zeppelin G. m. b. H. hat schon verschiedentlich ihre Erfahrungen der Allgemeinheit zu Nutzen gemacht. Auch diese Arbeit hat sie in entgegenkommendster Weise gefördert. Hierfür sei dem Luftschiffbau Zeppelin auch an dieser Stelle der gebührende Dank ausgesprochen.

Herrn Dr.-Ing. Bendemann bin ich für die Erlaubnis zur Benutzung verschiedener Abbildungen aus den „Luftschraubenuntersuchungen" sehr verpflichtet. Ihm und allen denjenigen, welche mich bei der vorliegenden Arbeit unterstützten, sage ich meinen verbindlichsten Dank.

Julius Springer hat auf die Ausstattung der bescheidenen Abhandlung dieselbe Sorgfalt verwendet, welche man an seinen bekannten Publikationen gewöhnt ist.

Friedrichshafen, April 1912.

C. Dornier.

GPSR Compliance

The European Union's (EU) General Product Safety Regulation (GPSR) is a set of rules that requires consumer products to be safe and our obligations to ensure this.

If you have any concerns about our products, you can contact us on ProductSafety@springernature.com

In case Publisher is established outside the EU, the EU authorized representative is:

Springer Nature Customer Service Center GmbH
Europaplatz 3
69115 Heidelberg, Germany

Batch number: 10682411

Printed by Printforce, the Netherlands